"十四五"普通高等教育规划教材

高等院校艺术与设计类专业"互联网+"创新规划教材

多媒体展示技术概论

李待宾　张　露　程　驰　编著

北京大学出版社
PEKING UNIVERSITY PRESS

内 容 简 介

本书主要从技术和艺术设计角度介绍多媒体展示技术及其应用，内容包括多媒体展示的起源、发展历程、发展趋势、主要技术手段，以及室内外多媒体展示技术的应用案例、对未来多媒体展示技术的展望，旨在为展览展示设计增添新的内涵，用与时俱进的多媒体展示技术丰富现代设计的表达方式。

本书可以作为高等院校交互设计、环境设计等相关专业的教材，也可供从事环境设计及相关工作人员参考使用。

图书在版编目（CIP）数据

多媒体展示技术概论 / 李待宾，张露，程驰编著. —— 北京：北京大学出版社，2024. 10. ——（高等院校艺术与设计类专业"互联网＋"创新规划教材）. —— ISBN 978-7-301-35690-6

Ⅰ．TP37

中国国家版本馆 CIP 数据核字第 202454B6E2 号

书　　　名	多媒体展示技术概论
	DUOMEITI ZHANSHI JISHU GAILUN
著作责任者	李待宾　张　露　程　驰　编著
策 划 编 辑	孙　明
责 任 编 辑	史美琪
数 字 编 辑	金常伟
标 准 书 号	ISBN 978-7-301-35690-6
出 版 发 行	北京大学出版社
地　　　址	北京市海淀区成府路 205 号　　100871
网　　　址	http://www.pup.cn　　新浪微博：@ 北京大学出版社
电 子 邮 箱	编辑部 pup6@pup.cn　　总编室 zpup@pup.cn
电　　　话	邮购部 010-62752015　　发行部 010-62750672　　编辑部 010-62750667
印 刷 者	北京宏伟双华印刷有限公司
经 销 者	新华书店
	889 毫米 ×1194 毫米　16 开本　8.25 印张　200 千字
	2024 年 10 月第 1 版　2024 年 10 月第 1 次印刷
定　　　价	59.00 元

前　言

在经济全球化的背景下，伴随数字时代的不断变革，人们的日常生活越来越依赖数字技术处理各类信息。新的信息传播模式让人们随时随地通过移动终端和互联网络来获得文字、图像、声音或视频的信息。数字技术的创新与发展，对各类信息进行全方位的感知、收集和共享，为人们从一个全新的视角看待问题、力求生存和人际交往提供了无限可能。它带来的巨大价值正渐渐得到认可，可以说，多媒体技术的发展在很大程度上改变了人类的生活方式和思维方式。各种信息的广泛传播重构了人们的生活，并对其精神文化产生了深刻的影响。

党的二十大报告指出，发展面向现代化、面向世界、面向未来的，民族的科学的大众的社会主义文化，激发全民族文化创新创造活力，增强实现中华民族伟大复兴的精神力量。多媒体技术广泛应用于展览展示设计行业，可以满足观众更高的要求，增强文化自信，传递中华文化精神。首先，多媒体技术通过数字媒体、智能硬件、虚拟现实、增强现实等技术手段，为观众建立更加立体、丰富和沉浸式的互动体验。它还将视觉、听觉、嗅觉、触觉、味觉等多种感官结合起来，从而实现更加真实、直观的展示。基于这种展示形式，观众更容易产生共鸣，找到情感寄托，并快速理解信息的要点以及传达的目的，而且多媒体的交互性可以让展示达到双向交流的目的。其次，多媒体技术可以弥补实物展品呈现信息的局限。一些实物展品，如果没有深入的阐释和解读，就难以让观众理解其内涵，而多媒体技术的应用使观众能够更加清晰、全面地理解和挖掘展品所蕴含的文化。将影视、动画、声音、文字等多种元素融合在多媒体技术中，可以生动地呈现更多的内容，从而丰富展品内涵。最后，展品的物理展示空间是有限的，多媒体技术可以将展品以多样性的方式展示出来，从不同的角度加以诠释，便于观众的深入理解。

另外，多媒体技术的广泛使用也为艺术家和创作者提供了更多的表达和创作方式，他们将多媒体技术与展示设计完美地结合，使艺术与技术融为一体。设计师不仅要不断提高自己的文化艺术修养，还要加强对相关技术的学习，了解技术的发展，并用自己的理解去弥补技术的感性缺失，这样才能更好地运用多媒体技术来完善设计，从而推动文化传承和创新发展。

当今，多媒体技术已经渗透艺术、教育、医疗、广告、电影、电视、动画、游戏等领域，为人们带来了许多以前无法想象的全新体验。同时，多媒体技术也在不断发展进步，新技术、新应用层出不穷，如虚拟现实、增强现实、深度学习、人工智能等，这些技术的不断更新和发展，为多媒体行业的发展注入了新的活力。另外，多媒体艺术、装置艺术的发展也会为展示设计的发展提供更多艺术和技术上的参考。未来的展示设计会是高度融合科技的艺术表现。多媒体展示设计的发展，是一个具有时代意义的大变革，是人们精神文化生活水平提高的重要体现，是各国家各民族在文化艺术上的重要革新。因此，多媒体展示技术已经成为具有创造力和创新精神人才的必备技能。

本书系统介绍了多媒体展示技术应用和发展趋势，内容涵盖多媒体展示技术的定义、应用领域、发展历程、技术手段和设计原则等方面，力求让读者了解多媒体展示技术的全貌，并掌握其操作技巧。本书可以作为高等院校交互设计、环境设计等相关专业的教材，也可供从事环境设计及相关工作人员参考使用。本书也适用于多媒体制作人、多媒体设计师、多媒体技术支持工程师、多媒体营销专员，帮助他们更好更全面地了解多媒体技术在展示中的应用，以提高行业质量和竞争力。

书中涉及的图片仅作为教学范例使用，版权归原作者及著作权人所有，在此对他们表示感谢。

由于编著者水平有限，书中难免存在不足之处，敬请广大读者批评指正。

编著者

2024 年 3 月

目　录

【资源索引】

第 1 章
多媒体展示技术概述

伴随社会文明的发展，人类也在不断探索更好的展示与交流方式。从肢体语言到口头语言，再到严格意义上的语言体系，从结绳记事、岩画到楔形文字、甲骨文等文字的出现，再到现代文字的产生，人类展示与交流方式借助应用媒体由少到多、由简单到复杂，不断创造、发展着新的媒体。

学习目的
以时间顺序了解多媒体展示技术的发展过程。

知识框架

1.1　多媒体的发展历程

多媒体一般理解为多种媒体的综合，它是计算机和视频技术的结合。多媒体在计算机系统中，是组合两种或两种以上媒体的一种人机交互式信息交流和传播媒体。其使用的媒体包括文字、图片、照片、声音（包含音乐、语音旁白、特殊音效）、动画和影片等。从广义上讲，多媒体指的是能传播文字、声音、图形、图像等多种类型信息的手段、方式或载体。根据现代多媒体概念的阐述，我们可以从两个方向研究其发展过程，一是声音，二是图像（其实文字也算是一种图像）。

19 世纪以来，随着生产力的发展，光学技术有所发展。1839 年 8 月 19 日，法国画家路易·达盖尔公布了他发明的"达盖尔银版摄影术"，世界上第一台可携式木箱照相机诞生（图 1.1）。

图 1.1　路易·达盖尔和可携式木箱照相机

1875 年，安东尼奥·穆齐发明了电话（图 1.2）。无线电通信虽是在 1895 年发明的，但无线电话是在 20 世纪初发明真空三极管之后才出现的。此后，声音可以无线传递和接收，真正实现了"顺风耳"。

进入 20 世纪，科技时代来临，崭新的划时代的媒体产生了。1936 年，英国广播公司采用贝尔德机械电视，第一次播出了具有较高清晰度的步入实用阶段的电视图像。

图 1.2　安东尼奥·穆齐向公众展示他发明的电话

1946 年 2 月 14 日，世界上第一台电脑 ENIAC 在美国宾夕法尼亚大学诞生（图 1.3），标志着计算机时代的来临。所有模拟信号向数字信号转换，并通过有线或无线实现声音、视频同步。早期的计算机可以说与"媒体"没有任何关系，更多的是与"计算"联系在一起。"计算"是计算机产生的初衷，也是它被命名为计算机的原因。

20 世纪 90 年代，计算机增加了声卡，本来默无声息工作的计算机开始"载歌载舞"起来，人们把这种计算机称为"多媒体计算机"。于是，本来与媒体无关的计算机从此与媒体产生联结，开创了一种新的媒体形式——多媒体，计算机发展也步入了多媒体时代。

进入 21 世纪以来，科学技术不断发展，多媒体的发展必定会促进新技术的发展，当代艺术的新流派之一——多媒体展示艺术在世界范围内呈爆发式增长。3G 无线网络、无线大数据的传输，使人们随时随地实现语音及视频信息交互。科学家、工程师、艺术家争先恐后地进入这一曾经备受质疑的领域，借助多媒体进行创新。人类对技术的复杂情感、对未来的无穷想象、对社会的深切关注、对世界本质的探索，都在多媒体展示艺术之中表现得淋漓尽致。除此之外，多媒体展示艺术在与科技密切交互的同时，还成为一部分技术发展的先驱，将艺术、技术与设计实践充分融合。科学、技术、艺术与设计这几个曾经泾渭分明的领域，逐渐产生了非常复杂的交集，似乎预示着一场伟大的变革。

图 1.3　世界上第一台电脑 ENIAC

现如今，我们正式跨入了 5G 时代，多屏互动投影、虚拟现实技术、增强现实技术以及人工智能技术等出现在我们视野中（图 1.4），进一步拓宽了多媒体展示的途径和方式。近几年来，我们也见证了多媒体的发展及其在各个领域的广泛运用，包括影像装置、映射投影、定位设备等。

当代多媒体展示技术为我们提供了一种冲破物理藩篱，进入未知世界的可能。目前较为流行的多媒体展示技术包括互动多媒体、全息成像、虚拟现实、增强现实、影像融合、数字影院、数字沙盘、智能中控及智能导览等技术。多媒体展示艺术则随着技术的不断进步而发展。在多媒体艺术装置中畅游，想象自己是穿越到未来的旅行者，欣赏超越现实的景观，或许并没有我们想象的那么难。这些创新成果刺激着我们的感官系统，同时也影响着我们的感知。

图 1.4　现代多媒体技术

1.2 展览展示的发展历程

展览展示的发展历史悠久，其形式随着社会经济的发展而不断发展。展览会的发展较早，博览会的产生晚于展览会，是近代工业发展的结果。

1851 年的首届世界博览会开创了展示设计的历史新纪元，正如恩格斯所评价的"1851 年的博览会，给岛国英国的闭塞敲响了丧钟"（图 1.5）。同时，它也标志着现代展示设计学科开始形成。这是人类历史上第一次国际性综合博览会，获得了巨大的成功，产生了深远的影响。此后，国际博览会在世界各地蓬勃发展。

1937 年，巴黎世界博览会上毕加索《格尔尼卡》的发表，成为大众热议的话题，对纳粹分子在格尔尼卡市惨无人道的轰炸进行了抗议。从这届博览会开始，增加了汽车和飞机的展示。

1985 年，筑波世界博览会举办，主题是"人类、居住、环境与科学技术"，它超越了国家和民族、政治和思想及风俗习惯等方面的界限，显示了以发展为目的的国际性合作日益加强，因此被誉为"人类的盛典"（图 1.6）。

2000 年，汉诺威世界博览会举办，主题是"人类·自然·科技：一个新世界的诞生"，倡导新的生活方式。其中日本馆的建筑材料用的是可以回收再利用的纸张，荷兰馆的三层建筑物被称为"环保三明治"，融合了荷兰的美丽风光，拥有自给自足的电力系统和封闭的循环水系统，充分展示了尖端科技在环境保护以及可持续发展方面所做出的贡献。

2010 年，上海世界博览会的主题是"城市，让生活更美好"。上海世界博览会首次采用多种新的展示技术，例如绿色建筑技术、LED 互动照明技术等（图 1.7）。

图 1.5　伦敦世界博览会展馆

图 1.6　筑波世界博览会展馆

图 1.7　上海世界博览会中国国家馆

1.3　多媒体展示艺术与技术

多媒体展示艺术发展至今已非单一手段的展示表达，而是多角度、全方位的。新的技术更是给新的艺术形式提供了更多可能性。艺术作品往往会结合多种技术，新技术催生的新艺术使公众对作品的关注发生了巨大的变化。这种艺术并非像传统艺术一样存在于美术馆等专门供人欣赏的场所，它可以在广场上，在荒无人烟的沙漠里。它并非只是一场提供"美"的盛宴，它发人深省、引人深思。现代技术给我们带来的视听效果加深了我们对事物的认知和体会，让我们对事物产生思考并影响我们的行为。艺术家利用这些技术让公众"与美互动""与问题互动"，让公众从过去的欣赏纯文字纯画面的被动形式中脱离，转向一种更为普遍、更为自由的公众愿意主动接受的方式。公众不再只是作为看客欣赏作品，而是在沉浸式的体验空间中与作品互动，公众也变成了作品的一部分。参与者的身份给公众带来了与传统艺术完全不同的体验，这是一件令人兴奋的事情。

不断变化发展的多媒体展示技术，具有极大的发展空间和可能性。它的语言体系、价值体系和评判体系，都在艺术的推动下不断发展。在传统艺术不能抵达的远方，相信多媒体展示技术这一充满力量和生命力的语言将会进行全新的艺术叙事，为人类文明铺设砖瓦。正如党的二十大报告指出的"推进文化自信自强，铸就社会主义文化新辉煌"。多媒体展示技术为新时代文化发展注入新动力，让展示艺术更有生命力，在继承优秀传统文化中大胆创新，提升中华文明传播的温度与深度。

课后训练与习题

一、课后训练
（1）梳理多媒体展示技术的发展历程，了解其发展趋势。
（2）进行头脑风暴，从跨学科的角度出发，找出一些新媒体技术跨领域合作的案例。

二、课后习题

1. 填空题

（1）1946 年诞生的第一台电子计算机，它的多媒体属性薄弱，其初衷是＿＿＿＿＿＿＿＿。

（2）2010 年上海世界博览会首次采用了多种新型展示技术，例如＿＿＿＿＿＿＿＿。

（3）如今多媒体展示技术日渐发展，其艺术技法不断精进，甚至延伸到了＿＿＿＿＿＿＿领域。

2. 思考题

（1）多媒体展示艺术的发展初期为何会受到正统艺术的影响与怀疑？

（2）不同领域中，多媒体展示技术运用的侧重点有何区别？可以结合自身的专业讨论。

（3）多媒体展示技术是否有与传统艺术结合的可能，它们会产生怎样的火花？

第 2 章
多媒体展示的主要技术手段

我们所提到的多媒体展示技术中的媒体主要是指利用计算机把文字、图形、动画、声音及视频等媒体信息数位化，并将其整合在一定的交互式界面上，使电脑具有交互展示不同媒体形态的能力。它极大地改变了人们获取信息的方法，符合人们在信息时代的阅读方式。

党的二十大报告强调：创新是第一动力。多媒体展示技术的发展扩展了计算机的应用领域，使计算机从办公室、实验室中的专用品变成了信息社会的普通工具，广泛应用于工业生产管理、学校教育、公共信息咨询、商业广告、军事指挥与训练、家庭生活与娱乐等领域。

多媒体展示技术应用的意义在于：一是使计算机可以处理人们生活中最直接、最普遍的信息，从而极大扩展计算机的应用领域及功能；二是使计算机系统的人机交互界面更加友好和方便，非专业人员可以方便地使用和操作计算机；三是多媒体展示技术使音像技术、计算机技术和通信技术三大信息处理技术紧密地结合起来，为信息处理技术的发展创造了条件。

学习目的

（1）了解目前常见的多媒体展示技术种类。

（2）掌握不同多媒体展示技术手段的概念及特点。

（3）了解不同多媒体展示技术的应用领域。

（4）了解多媒体展示技术的未来前景及应用价值。

知识框架

```
                                    ┌─ 互动多媒体 ─┬─ 技术特点      ── 概念分析、技术应用讲解
                                    │             └─ 应用领域
                                    │
                                    ├─ 全息成像 ──┬─ 技术特点
                                    │            ├─ 应用领域   ── 概念分析、现实应用分析、技术应用讲解
                                    │            └─ 展示方式
                                    │
                                    ├─ 虚拟现实（VR）┬─ 技术特点
                                    │               └─ 虚拟现实在展示中的   ── 技术特点分析、技术应用讲解、案例分析
                                    │                  应用
                                    │
                                    ├─ 增强现实（AR）── 增强现实在展示中的   ── 概念讲解、现实应用讲解
                                    │                  应用
                                    │
                                    │              ┌─ 技术特点
                                    │              ├─ 混合现实与增强现实
                                    │              │  的差异
 多媒体展示的主 ──┤              ├─ 混合现实（MR）─┼─ 应用领域   ── 概念分析、技术应用讲解、辨析多媒体差异
   要技术手段                      │              ├─ 混合现实的场景应用
                                    │              │  和开发案例
                                    │              └─ VR/AR/MR 辨析
                                    │
                                    ├─ 图像融合 ──┬─ 技术特点
                                    │            ├─ 类别划分   ── 概念分析、技术流程讲解
                                    │            └─ 应用领域
                                    │
                                    ├─ 数字影院 ──┬─ 技术特点   ── 概念讲解、特点及技术原理应用分析
                                    │            └─ 应用领域
                                    │
                                    │            ┌─ 数字沙盘与传统沙盘
                                    │            │  的区别
                                    ├─ 数字沙盘 ──┼─ 技术特点   ── 概念分析、技术应用讲解
                                    │            └─ 应用领域
                                    │
                                    ├─ 智能中控系统 ─┬─ 技术特点   ── 概念分析、技术应用讲解
                                    │               └─ 应用领域
                                    │
                                    │              ┌─ 内容设计
                                    └─ 智能导览系统 ─┼─ 设计实现   ── 概念分析、技术应用讲解
                                                   └─ 应用领域
```

2.1　互动多媒体

2.1.1　概念定义

使用计算机交互式综合技术和数字通信网络技术处理多种媒体文本、图形、图像、视频和声音，使多种信息连接成一个交互系统，这种交互系统被称为"互动多媒体"。

2.1.2　技术特点

（1）吸引人流。新奇的互动效果必然会吸引人流，同时好的设计和艺术效果可以营造互动的氛围。

（2）导引方向。比如智能的指引、查询系统，比传统的指示牌更加人性化。

（3）非接触式的交流。更加人性化，同时减少了因接触而产生的细菌传染。

2.1.3　应用领域

互动多媒体使人们工作和生活的方方面面都沐浴着它所带来的阳光。新技术所带来的新感觉、新体验是以往任何时候都无法想象的。互动多媒体应用在各类展厅中，如博物馆、科技馆、企业展厅等，还应用于展览会、商场、酒店、酒吧、KTV、新产品发布会、写字楼、演出场馆、广场等场所。

互动多媒体的应用范围包含虚拟场景软件、投影互动、体感互动、VR互动、触控互动等。

（1）虚拟场景软件。

虚拟场景软件能模拟场地情况进行演习或练习。比如厨房火灾排查软件（图2.1），通过实景（厨房）、实物（煤气阀、煤气罐等），用计算机、传感器与通信等技术，构建智能厨房火灾隐患排查平台（装置），以供体验者模拟火灾隐患排查实训。系统内设有多处模拟的火灾隐患，体验者正确查找到火灾隐患，就会自动加分，否则系统将标示出火灾隐患，并讲解正确的处理方法。此软件使体验者了解火灾的危险性，学习当厨房发生煤气泄漏时的正确处理方法，掌握厨房消防安全知识，从而提高火灾隐患的排查能力。

除此以外，虚拟场景软件还可以模拟驾驶、地震等场景。

（2）投影互动。

投影互动的墙面互动系统可以展示丰富的内容，包括图片、文字、影音等，还有多种有趣的互动小游戏（图2.2、图2.3）。其运作原理是通过捕捉设备（感应器）对目标影像（参与者）进行捕捉拍摄，经过系统分析，产生动作数据，再结合实时影像互动系统，使参与者与屏幕之间产生紧密结合的互动效果。简单来说，参与者可以用肢体动作与投影画面中的内容进行互动。投影互动可以带来一种与众不同的展示和娱乐相互交融的效果，可以很好地活跃气氛，增加展示过程的科技含量，也可以为参与者提供一种别具特色的创意展示方式。

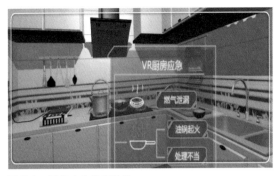

图 2.1 厨房火灾排查软件

图 2.2 投影互动（一）

图 2.3 投影互动（二）

图 2.4　博物馆中的投影互动展墙

图 2.5　商场里的地面投影互动游戏

图 2.6　虚拟试衣镜

投影互动多运用在博物馆、科技馆、企业展厅、科普馆、纪念馆、图书馆、美术馆等展览展厅和大型商场、餐厅、酒店、主题公园、新品发布会等商业场所（图 2.4、图 2.5）。

（3）体感互动。

体感互动中比较热门的就是虚拟试衣镜（图 2.6），它可以使用户不用脱去身上衣服就能看到试衣效果。用户只要对着镜头拍照，在输入身高、体重后，系统就可以模拟用户身材，在线试穿效果与线下几乎没有差别。用户以简单手势动作便可替换不同的服装造型，省去换衣服带来的麻烦。虚拟试衣镜可以为用户带来时尚、便捷的购物体验。

互动多媒体的出现变革了现有的沟通方式，被称为数字通信的颠覆者。透过现象看本质，我们应看到，所谓颠覆，其实是某种意义上的回归。

最初的人际沟通就是面对面、全方位的，传播方式包括声音、文字、表情动作等，并且这种沟通是即时互动的。进入数字通信时代后，人们的沟通方式开始改变。单媒体时代，人们的沟通方式局限于文字、图形或声音等之中的一种。多媒体时代，人们的沟通方式开始多元化，集合了图文声像。到了互动多媒体时代，全方位、即时的互动终于实现并广受赞誉，而这恰恰是最早的人际沟通的方式，不同的是从最初的面对面变成远程交流。可见，互动多媒体给数字通信带来的颠覆实质上仍是对人际沟通需求的一种回归，而这种回归正迎合了"媒介是人感官的延伸"这一经典理论。

2.2 全息成像

2.2.1 概念定义

全息成像也称虚拟成像，是利用干涉和衍射原理记录并再现物体的三维图像的技术（图 2.7）。所谓的"全息"即全部信息，是指用投影的方法记录并且再现被拍物体发出的光的全部信息。全息成像技术一般也被称作虚拟成像技术或是全息投影技术，其基本原理包括干涉原理[①]和衍射原理[②]。与此同时，运用衍射原理对物体的光波信息进行展现，从而达到成像的效果。

全息成像技术不仅可以产生立体的空中幻象，还可以使幻象与表演者产生互动，一起完成表演，产生令人震撼的演出效果。

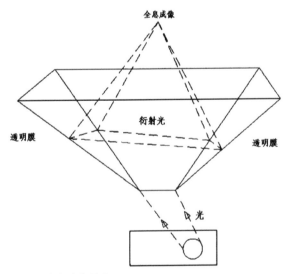

图 2.7 全息成像原理

【全息成像技术】

---

① 利用光波的干涉特性记录物体光波的相位与振幅信息。
② 通过衍射原理将记录下来的光波信息再现，形成立体感强的图像。

2.2.2　技术特点

（1）互动性。
在全息成像技术的发展下，展厅设计突破传统静态的作品展示形式，增加了互动性，变成了动态的形式，在触摸屏、声控等核心技术的帮助下，使观众与虚拟现象进行真实的互动。全息成像技术不仅可以激发观众的热情与兴趣，而且使展厅设计的内容得到广泛、高效、精准的传播。

（2）沉浸性。
全息成像技术能够展示色彩逼真的影像，空间感与透视感十分明显，加上声频、灯光、干冰等元素的辅助，让观众难以区分现实环境与虚拟影像，能够快速地融入情境中。

（3）故事性。
展厅设计环节中必不可少的特点就是故事性，简单地完成展厅设计而不融入一些故事元素，很难使展厅具有氛围感与故事性。这与传统的话剧表演有着相似性，假如只是布置好舞台灯光等外部环境，没有剧本故事，也没有演员进行演出，那么这个布置好的舞台也就毫无意义。全息成像技术可以结合需要呈现出各种各样生动有趣、栩栩如生的故事场景，为观众提供故事脚本。

2.2.3　应用领域

全息成像技术在立体影视、展览、显微术、干涉度量学、投影光刻、军事侦察、水下探测、金属探测、历史文物和艺术品存档、信息存储、遥感，以及研究和记录物理状态变化极快的瞬时现象、瞬时过程（如爆炸和燃烧）等方面有广泛的应用。

全息成像技术不仅可以呈现惟妙惟肖的立体三维图片美化人们的生活，还可以应用于证券、商品防伪、广告设计、艺术展览、图书插图、包装设计、室内装潢、医学、刑侦、物证照相与鉴定、科研、教学、三维摄影等众多领域。

（1）日常生活。

在日常生活中，常常能看到全息成像技术的运用。例如，在一些信用卡和纸币上，就有运用了物理学家尤里·丹尼苏克在 20 世纪 60 年代发明的全彩全息图像技术制作出的聚酯软胶片上的"彩虹"全息图像。但这些全息图像更多只是作为一种复杂的印刷技术来实现防伪目的，它们的感光度低，色彩也不够逼真。研究人员还试着使用重铬酸盐胶作为感光乳剂，用来制作全息识别设备。

近年来，各种展馆中比较火热的虚拟讲解逐渐取代传统真人讲解。当参观者进入红外感应区，屏幕自动切换，出现虚拟人物迎宾及虚拟人物讲解（图 2.8）。

拓展故事：

迈克尔·杰克逊于 2009 年 6 月去世，但他的音乐传奇仍在继续。2014 年 5 月 19 日，某颁奖礼主办方通过全息影像还原技术使迈克尔·杰克逊在舞台上热舞单曲 *Slave to the Rhythm*。穿着金色夹克和红色裤子的迈克尔·杰克逊在宝座上亮相，舞台四周喷出火焰，开启全场热舞模式，他带领舞者再度秀出太空步等经典舞步。这一难以想象的场面令出席颁奖礼的众多明星起立鼓掌。

商业空间
虚拟迎宾可应用于各种商业空间、娱乐场所，提升展示方的服务档次和品牌形象，为商家吸引大量的顾客和人气。

地产售楼
虚拟讲解员生动形象地为客户介绍最新的楼盘信息，有助于地产销售、提升公司形象。

企业展厅
虚拟迎宾可用于企业展厅，当客户来企业参观时，可以介绍企业的规模、历史、成果等，让参观者更好地了解企业。

酒店大堂
酒店虚拟迎宾员仪表端庄、亲切礼貌，使客人倍感舒适。同时节省人力成本，达到很好的体验效果。

图 2.8 虚拟讲解的应用

（2）军事领域。

科学家研发出了红外、微波和超声全息成像技术，这些全息成像技术在军事侦察和监视方面有重要意义。例如，在战斗机上配备全息成像技术设备，可以使驾驶员将注意力集中在敌人身上。全息照相能呈现监测目标的立体形象，而一般的雷达只能探测到目标方位、距离等。

（3）光学领域。

全息成像技术不仅能记录物体上的反光强度，也能记录位相信息。因此，一张全息摄影图片即使只剩下一小部分，依然可以重现全部形象。这对于博物馆、图书馆等保存藏品图片来说，具有重要意义。

另外，全息成像技术能够记录物体本身的全部信息，存储容量足够大，因此也作为存储信息的载体，这种全息存储技术可以应用于图书馆、展览馆等的资料保存。

全息成像技术与传统的 3D 显示技术相比，观众无须佩戴专门的偏光眼镜，这样不仅给观众带来了方便，还降低了成本，而且立体显示能够将展品以多视角的方式呈现给观众，效果更加直观。

（4）其他领域。

全息成像技术已从光学领域扩展到其他领域，如微波全息、声全息等，成功地应用在工业、医疗等方面。地震波、电子波、X 射线等方面的全息技术也正在深入研究中。

另外，全息成像技术还应用于无损探伤检测、超声全息、全息显微镜、全息摄影存储器、全息影视等方面。

2.2.4　展示方式

（1）全息展示柜。

全息展示柜产品有 360°全息柜、270°全息柜、180°全息柜（图 2.9）。

多点触摸台可控制展示内容，点击产品图标，产品将在全息柜上以 360°、270°、180°旋转的方式展示；搜索产品关键词，可对产品进行搜索；扫描触摸屏上的二维码，可用手机查看产品的详细介绍。该设备通过投影技术与光学原理将物体重现，呈现出三维立体影像，观众可以从不同的角度欣赏，不受光线影响。演示内容经过特殊软件处理后即可呈现出亦真亦幻的立体影像，大小和尺寸可根据展示要求制定。

（2）幻影成像。

幻影成像也称虚拟成像，是实景造型和幻影的光学成像的结合，它将所拍摄的影像投射到布景箱中的主体模型中进行演示（图 2.10）。幻影成像系统绘声绘色、虚幻莫测、非常直观，给人留下深刻的印象。它由立体模型场景、造型灯光系统、光学成像系统（应用幻影成像膜作为成像介质）、影视播放系统、计算机多媒体系统、音响系统及控制系统组成，可以实现大的场景、复杂的生产流水线、大型产品等的逼真展示。

（3）全息舞台。

全息舞台是全息投影的一种，不仅可以产生立体的空中幻象，还可以使幻象与表演者互动，一起完成表演，产生令人震撼的演出效果（图 2.11）。全息舞台的魅力在于它营造了一个幻想世界，用"虚拟场景 + 真人"或者"真实场景 + 虚拟人"的模式，带领观众进入虚拟与现实融合的双重空间。全息舞台运用蒙太奇手法，通过观众的视觉错位和演员现场的表演技巧，使全息的三维图像与现实完美互动。

全息舞台的特点：成像方式新颖、视觉冲击效果强烈；绘声绘色、虚幻莫测，具有强烈的纵深感；成像精细度高、画质细腻，适合近距离观看；成像逼真，可将真实场景和虚拟场景结合，使人身临其境；影像三维立体感强，观众无须佩戴 3D 眼镜，实现裸眼 3D。

（4）全息沙盘。

全息沙盘利用全息技术将沙盘模型呈现在观众眼前（图 2.12），常运用于展馆、军事作战指挥中心、售楼处等。

图 2.9　360°全息柜、270°全息柜、180°全息柜

图 2.10　幻影成像

图 2.11　全息舞台

图 2.12　全息沙盘

2.3　虚拟现实

【虚拟现实操作】

2.3.1　概念定义

虚拟现实（Virtual Reality，VR）技术，又称灵境技术，是 20 世纪发展起来的一项全新的实用技术。虚拟现实技术集计算机、电子信息、仿真技术于一体，通过计算机模拟虚拟环境给人带来沉浸感。

拓展故事：

虚拟现实起源于 1965 年美国 Ivan Sutherland 在 IFIP 会议上发表的题为《终极的显示》（*The ultimate Display*）的论文。论文中提出，人们可以把显示屏当作"一个通过它观看虚拟世界的窗口"，以此开创了研究虚拟现实的先河。1968 年，Ivan Sutherland 成功研制出头盔显示装置和头部及手部跟踪器。20 世纪 80 年代以前，由于技术上的原因，VR 技术发展缓慢，直到 80 年代后期，信息处理技术的飞速发展促进了 VR 技术的进步。20 世纪 90 年代初，国际上出现了 VR 技术的热潮，VR 技术开始成为独立研究开发的领域。

虚拟现实技术是一种可以创建虚拟世界的计算机仿真系统，具有强烈的沉浸性、交互性、多感知性等特点。在多媒体展示领域，虚拟现实技术拓展了数字展示的表现形式，可以协助参观者与展示内容互动，让展示内容得到良好的传播。利用虚拟现实技术来增强展馆的互动性，提升参观者的体验感，是当今数字展示的重要手段。

2.3.2　技术特点

（1）沉浸性。

沉浸性是虚拟现实技术最主要的特征，就是让用户成为并感受到自己是计算机系统所创造的环境中的一部分。虚拟现实技术的沉浸性取决于用户的感知系统，当用户感知到虚拟世界的刺激时，包括触觉、味觉、嗅觉、运动感知等，便会产生共鸣，形成心理沉浸，感觉如同进入真实世界（图 2.13）。

图 2.13　沉浸式虚拟现实装置

（2）交互性。

交互性可以反映用户对模拟环境内物体的可操作程度和从环境得到反馈的自然反应程度。用户进入虚拟空间，相应的技术让用户与环境产生相互作用，当用户进行某种操作时，周围的环境也会产生某种变化；当用户接触到虚拟空间中的物体，该物体的位置和状态也会发生改变（图 2.14）。

图 2.14　虚拟单车模拟装置

（3）多感知性。

理想的虚拟现实技术应该具有一切人所具有的感知功能。目前大多数虚拟现实技术已实现的感知功能包括视觉、听觉、触觉、嗅觉等（图 2.15）。

图 2.15　互动性多媒体体验装置（九华山地质博物馆）

（4）构想性。

构想性也称想象性，虚拟现实技术可以创造客观世界不存在的场景或环境。用户进入虚拟空间，根据自己的感觉与认知吸收知识，拓宽思维，创建新的概念和环境。

（5）自主性。

自主性可以理解为在虚拟环境中利用数字技术，按照物理定律模拟物体的运动规律。如当物体受到力的作用时，会向力的方向移动、翻倒，或从桌面落到地面等。

2.3.3　虚拟现实在展示中的应用

新兴多媒体展示技术的发展为展览的创新带来了新的契机，目前国内许多科技馆正在努力研究如何应用新的媒体技术来展示展品。虚拟现实作为一种新媒体技术，在业界广泛使用，其优势可以与展品的展示形式有效结合起来。

1. 虚拟现实技术在展示应用中的优点

应用虚拟现实技术的展品具有多种视觉表现形式。一方面，它可以使展品达到所要展示的目的和效果，让观众深切感受到展品的魅力，满足观众对展览体验、探索、好奇的心理，提升参观的兴趣；另一方面，它可以拓宽展品的展示形式，使一些难以演示的科学过程或科学原理等内容得以呈现。

2. 虚拟现实技术在展示应用中的缺点

不可否认，虚拟现实技术在当今科技馆建设中吸引了众人的目光，很多展品设计公司在设计展品的过程中都希望加入虚拟现实技术，以此来增加展品的新鲜感。然而，在实际应用中存在以下问题。

（1）目前 VR 展项技术与交互程序的可操作性、稳定性较差，且不便于新技术的维护和更新。

（2）虚拟现实技术的展示需要配备头盔设备，操作不便，需要工作人员辅助指导，可同时体验的人数较少。

3. 技术拓展的必要性

正是因为虚拟现实技术在多媒体展示中有极大的应用潜力，对观众有极大的吸引力，但技术表现形式存在弊端和短板，因此如何改进和提升虚拟现实技术以适应体验者的需求有极大的现实意义。

4. 虚拟现实技术应用案例

浙江省科技馆台风体验剧场的展示以科普台风相关知识为主，提高民众对于自然灾害的认识，提高防台能力。该项目采用高科技与新媒体结合的展示方式，增加台风模拟的知识性、趣味性、参与性、互动性，令人耳目一新。由于虚拟现实技术集成了影视技术、光电技术等现代化展示手段，从而使台风模拟在展示内容上科技含量高、富有时代特色。该项目由以下部分组成。

（1）视频影片。影片分为两个部分，360° 环幕影片和虚拟现实视频。环幕影片通过三维模型创建、动画制作，模拟台风的过程，真实地再现了台风实时场景（图 2.16）。虚拟现实视频通过 VR 显示技术，提供与环幕影片内容不同的内容。

（2）动感模拟座椅。由电力驱动的动感模拟座椅，可随影片内容即时产生反应，做三自由度运动，真实模拟台风引起的船只晃动、车辆摇摆等效果，拓展了体验者的模拟场景，改变了站立体验的单一模式（图 2.17）。

（3）风力模拟系统。通过风机产生速度无极可调的风力，提供近似于真实台风的风力体验（图 2.18）。

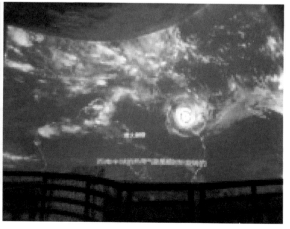

图 2.16　台风模拟影片

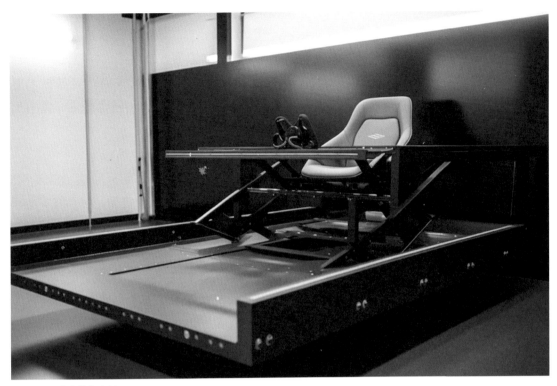

图 2.17　动感模拟座椅

图 2.18　风力模拟

（4）播映系统。播映系统由两部分组成，第一部分为环幕投影系统，第二部分为 VR 显示系统，通过子播放系统进行播放（图 2.19）。

本项目根据体验的形式不同，将体验区划分成两个区域：一个是位于场地中央的环幕体验区，体验者站立于该区域，可进行 360°环幕观影体验；另一个是在外圈设计了 VR 体验区。这一设计利用人体坐姿和站姿之间的高度差，在不影响中部环幕体验区体验效果的前提下，大大增加了体验者人数，丰富了体验形式（图 2.20）。

参观者把展览视为一种娱乐活动，在获取科学知识的同时，也更加注重心理需求。情景式展示利用舞台、道具、布景等，让参观者在互动过程中得到一种美妙的体验，留下美好的记忆。根据不同的展品及展示内容，合理利用 VR 技术来提高展示效果，可以让参观者能更好地融入环境，获得更好的体验。

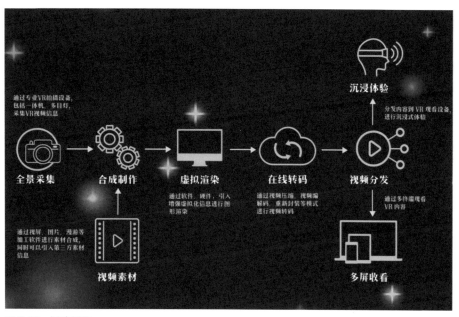

图 2.19　播映系统

图 2.20　台风体验

2.4 增强现实

【增强现实在生活
中的应用】

2.4.1 概念定义

增强现实（Augmented Reality，AR）是一
种能实时计算摄影机影像的位置及角度并
加上相应图像的技术，也是一种将真实世
界信息和虚拟世界信息"无缝"集成的新
技术，这种技术的目标是在屏幕上把虚拟
世界与现实世界结合并进行互动。它通过
计算机系统提供的信息增强用户对现实世
界的感知，将虚拟的内容应用到现实世界
中，并将计算机生成的虚拟物体、场景、数
字内容叠加到现实世界中，达到增强现实的
效果（图 2.21）。

图 2.21　增强现实技术

直白地说，增强现实就是把虚拟的数字内容
附加在现实世界中，使现实世界更有趣的一
种技术。它通过传感技术将虚拟对象准确"放
置"在真实环境中，借助显示设备将虚拟对
象与真实环境融合在一起，为使用者呈现一
个感官真实的新环境，具有虚实结合、实
时交互等特点。虚拟现实最早于 1990 年提
出，直到 2016 年任天堂公司发行的游戏
Pokémon GO 的流行（图 2.22），标志着
这种技术已经逐渐融入了人们的智能生活
中。增强现实作为信息可视化的途径之一，
在未来势必会成为主流的展示技术。

图 2.22　*Pokémon GO*

2.4.2　增强现实在展示中的应用

同虚拟现实技术一样，这种场景沉浸交互式的增强现实技术被越来越多地应用到科普场馆的展示设计中。增强现实技术增强了展品和观众之间的互动性，是体验式学习的全新形式。

1. 增强现实技术的优势

增强现实技术应用于科普展示，具有以下三个优势。一是虚实结合。它可以将显示屏中的虚拟信息叠加到现实对象中，打破科普场馆展品本身展示内容的局限性（图 2.23）。比如可以为动物标本创建特定的生态场景，让静态的动物标本"动起来"。如此一来，观众除了可以观察动物标本的外貌形态，还可以了解其习性、生活环境等方面的信息。二是场景沉浸。该技术可以更加真实地使观众沉浸在三维立体的展示情景中，产生身临其境的感受。三是实时交互。观众可以通过操控终端控制自己与整个环境的互动，从而在"做中学"，有助于知识、经验的获取。

2. 增强现实技术背景下的博物馆讲解新模式

增强现实技术凭借其鲜明的特色和技术优势，能够很好地完成互动体验，深度挖掘科学内涵，这必将推进博物馆讲解模式的进一步变革。传统的讲解模式中，讲解的要素是讲解员、观众和展品，而自然博物馆的展品大部分是静态陈列的标本，这种情况下，往往容易形成观众被动地接受讲解员讲解的模式。增强现实技术支持下的讲解模式中，讲解的要素是讲解员、观众、展品和增强现实媒体。这种模式支持情境学习和深度互动，观众可以通过增强现实技术直接与展品互动。应以观众为中心，讲解员扮演组织者、指导者和帮助者的角色，利用增强现实技术创设的博物馆讲解新模式可以充分发挥观众的积极性、主动性，最终达到科普教育的目的（图 2.24）。

图 2.23　增强现实技术在展馆中的应用

图 2.24　增强现实技术在展馆讲解中的应用

3. 增强现实技术应用案例

上海自然博物馆新馆作为向公众开放的科普场馆，在展示中采用了增强现实技术，主要通过手持显示设备实现互动，观众只需要在智能手机或平板电脑上安装相应的应用软件，通过摄像头捕捉特定的场景就能触发与拍摄物相关的虚拟信息。在移动终端的屏幕上，实时拍摄的场景和虚拟的多媒体信息叠加在一起，通过触屏操作，可以进一步触发新的虚拟信息，形成三维交互式的立体画面（图 2.25）。

上海自然博物馆新馆现有的增强现实技术应用主要有四种形式：一是回溯历史，以合川马门溪龙骨架模型为典型代表，通过还原其所处时代的场景让观众了解古生物的历史（图 2.26）；二是模拟科研场景，以古人类骨架模型——露西为典型代表，通过骨骼拼接修复的动画再现复原古人类的基本步骤；三是还原生态场景，以虎捕食野猪标本为典型代表，

图 2.25　展馆虚拟信息的传递

图 2.26　增强现实呈现的合川马门溪龙骨架模型

呈现出自然生态场景下动物的习性；四是知识链接形式，以风神翼龙骨架模型为典型代表，通过分类树进行动画讲述。

目前，上海自然博物馆新馆的讲解模式主要有两种：一是演示引导式，讲解员手持移动终端设备演示，通过增强现实演示的内容引出相关科学问题，再和观众进行交流。这种形式具有较强的普适性，适合在人多、时间有限的情况下实施，所以大多在全程讲解时采用。二是互动交流式，观众自己体验增强现实，讲解员和观众进行互动交流。这种形式适合深度交流，比演示引导式更能激发观众主动学习的兴趣，所以一般在区域性主题讲解中使用。

2.5　混合现实

【混合现实】

2.5.1　概念定义

混合现实（Mixed Reality，MR）是一种组合技术，包括增强现实和增强虚拟，指的是合并现实和虚拟世界而产生新的可视化场景，虚拟物体和真实物体很难被区分。在新的可视化场景里物理和数字对象共存，并实时互动（图 2.27）。混合现实不仅提供了新的观看方法，还提供了新的输入方法，并将方法结合，从而推动创新。

真实世界与虚拟世界的融合，将会创造出独特的第三世界——虚拟和物理对象共存，并且能够实时交互的世界。第三世界即混合的世界，借由人类、计算机和环境之间的互动而产生。正是由于计算机图形处理技术、输入系统和显示技术的进步，才让这种互动成为可能。

图 2.27　混合现实互动场景

混合现实的实现需要一个能与现实世界各事物交互的环境。如果一切事物都是虚拟的，那就是虚拟现实了；如果展现出来的虚拟信息只能简单叠加在现实事物上，那就是增强现实。混合现实的关键点就是与现实世界进行交互和信息的及时获取。

2.5.2　技术特点

混合现实技术通过在现实世界、虚拟世界和用户之间搭起一个交互反馈的信息回路，来增强用户体验的真实感。混合现实具有以下技术特点。

（1）多感知性。

混合现实除了涉及一般计算机技术所具有的视觉感知，还涉及听觉、触觉、运动感知等多种感知系统。

（2）沉浸感。

混合现实直接在物理空间中创建虚拟与现实的交界，营造出物理空间之上的虚拟沉浸式体验。

（3）实时交互性。

混合现实能够借助多媒体手段进行信息输出，用户接收到信息后，做出身体动作及手势的反馈，并输入语音命令。

（4）自主性。

混合现实的自主性主要体现在混合空间中真实物体和虚拟物体都可以成为混合现实交互过程中的交互道具。用户可以利用真实物体向虚拟物体传达交互指令，也可以直接操控虚拟对象，与混合空间信息进行自主交互控制。

2.5.3　混合现实与增强现实的差异

增强现实将数字元素叠加到现实世界的实时视图之上，且大多数情况下都会使用智能手机上的摄像机。增强现实通过 3D 模型、视频等数字信息和媒体"增强"了现实世界，如 Snapchat 滤镜。

混合现实则不同，它是在结合虚拟现实、增强现实的元素之后，创建出第三个混合的环境。而增强现实并没有这么做，它基本就是让人处于真实世界中，缺少沉浸感。

增强现实和混合现实之间的区别还在于数字媒体与真实环境之间的交互性。在混合现实中，虚拟对象不仅被集成到现实世界中，还能对其做出响应。

混合现实不是像增强现实那样简单地将图像叠加显示，而是将沉浸式的交互式界面覆盖到物理现实上，并最终呈现为在用户环境中可以追踪的全数字对象。这意味着可以在混合现实中执行增强现实不可能实现的事情，例如可以从不同角度查看和操纵对象。当然，这也需要比增强现实更加强大的渲染能力。

2.5.4 应用领域

混合现实技术的应用领域极广，包括教育、医疗、体育、军事、艺术、文化娱乐等各个领域。近年来，它为人工智能、图形仿真、虚拟通信、娱乐互动、产品演示、模拟训练等领域带来了革命性的变化，使越来越多的公司参与到混合现实产业中（图 2.28）。

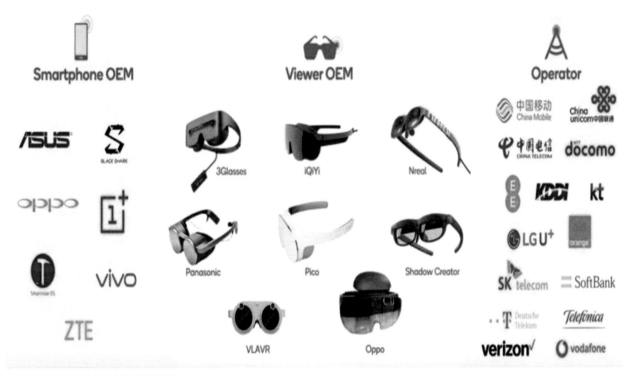

图 2.28　参与混合现实产业的部分公司

在教育领域中，混合现实技术可以生成逼真的视觉、听觉、触觉等感觉的虚拟环境，更立体、直观地将信息展示给学生，学生看到的不再是乏味的文字及图片展示。混合现实技术具有很强的娱乐性和互动性，是对主流教学形式的丰富和补充，为教学形式的多样化提供了更多可能。如混合现实艺术项目《航空宴会 RMX》给我们带来一次不同的"美食"体验。

知识链接：

《航空宴会 RMX》是一个利用混合现实技术的艺术项目，灵感取自于意大利艺术家菲利普·马里内蒂 1932 年所著的《未来主义食谱》一书中所描述的虚构宴会。每位参与者将沉浸在特别的景象中，享受一次实景扩增的用餐体验。

在医疗领域中，混合现实技术也发挥了巨大的潜力。比如医院里常用的 CT 融合技术，就是通过混合现实技术实现三维立体成像显示，这样一来，可以让患者直观看到自己身体内部器官的位置、结构状况，医生也能够更容易、直观地说明患者的病情。

在文化娱乐领域，混合现实技术也大有用武之地。例如它可以复原文物古迹形象，重现历史建筑风貌，也可以为各种人文景观添加相应的视频、图片、文本的注解，增加旅游观光的知识性、趣味性。

目前混合现实主要分为两种类型：

（1）虚拟现实。借助头戴显示设备将一些图像和文字添加到用户的视野中，并且与真实世界场景相叠加。主要应用在娱乐、教育、医疗、导航、旅游、购物和大型复杂产品的研发中。

（2）增强现实。除了将计算机生成的虚拟环境与现实环境融为一体，还可以通过计算机生成的对象与真实世界目标进行互动和交流。包括 Sphero BB8 玩具的智能手机 APP，以及 HoloLens、Magic Leap 等。

【微软混合现实头盔】

2.5.5　应用场景和开发案例

(1) 广电制播。

通过混合现实技术，用户能够快速准确地扫描真实场景，并将事先制作的动画和模型精准定位，与全息影像互动，开拓创作思路，展示 3D 效果（图 2.29）。混合现实技术可应用于微电影创作和电视综艺直播中。比如，电影发行方创奇影业使用微软 HoloLens，通过 Actiongram 应用将动画角色带到现场，并且与《魔兽世界》演员罗伯特·卡辛斯基碰拳互动。

(2) 汽车设计。

混合现实技术能够通过三维动态展示、远程场景共享及用户信息统计等功能，解决汽车行业在展示和信息管理上的问题（图 2.30）。

比如，运用混合现实技术可以尝试改变车体某一部分的形状、尺寸或材料，也可以修改汽车的细节，包括外后视镜、进气格栅、汽车内饰等；通过真实比例的 3D 设计，了解汽车的复杂信息，添加新的设计概念或创意，对车型进行快速迭代更新，提升制造效率；进行具有品牌特色的人机交互性体验和测试，提供真实道路环境不能实现的技术体验；直观呈现传动方案；对远程协助装配、制造、检修环节进行可视化呈现等。

(3) 教育和医疗。

混合现实技术可以以互动的形式模拟培训场景，让人在沉浸式培训场景中与环境进行交互，创造交互式学习体验场景。目前，不少教育和医疗机构正利用以 MR、AI 技术为代表的新科技整合 IT 技术团队，将传统的教学与医疗影像呈现技术和交互式环境营造相融合，并将其科学原理更好地向大众科普（图 2.31）。

图 2.29　3D 效果

图 2.30　混合现实技术在汽车设计领域的应用

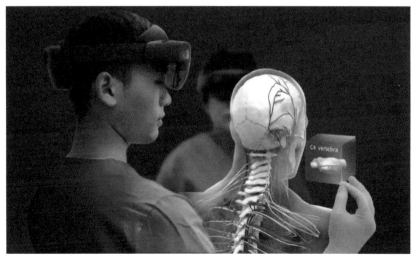

图 2.31　医疗 MR 技术

2.5.6　VR/AR/MR 辨析

虚拟现实，是指在虚拟世界中营造仿真的现实环境，让人产生身临其境之感。

增强现实，是指现实世界叠加部分虚拟场景元素，以丰富现实世界。

混合现实，是指现实世界和虚拟世界相融合，它强调现实和虚拟的互动，以增强用户体验的真实感。

三者的辨析和区别如图 2.32、图 2.33 所示。

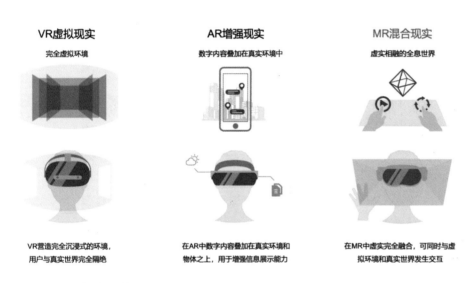

图 2.32　VR/AR/MR 辨析

	VR	**移动端AR**	**头显AR**	**MR**
现实可见	不可见	可见	可见	可见
体验方式	沉浸式	手机屏	投射式	融合式
活动范围	固定或有限	不固定	固定	不固定
运算性能	移动-桌面	移动	桌面	移动
适应场景	商场投币娱乐VR 影片欣赏	小游戏 移动应用	专业领域	商业领域
典型人群	大众消费者	大众消费者	专业技术人员	企业工作者

图 2.33　VR/AR/MR 三者的区别

2.6　图像融合

【图像融合】

2.6.1　概念定义

图像融合（Image Fusion）是指将采集到的关于同一目标的图像数据经过图像处理和计算机技术等，最大限度地提取有效信息，最后合成高质量的图像，以提高图像信息的利用率，提升原始图像的空间分辨率和光谱分辨率。

图像融合用特定的算法将两幅或多幅图像综合成一幅新的图像（图 2.34）。利用两幅或多幅图像在时空上的相关性及信息上的互补性，可以使融合后得到的图像对场景有更全面、清晰的描述，有利于人眼的识别和机器的自动探测。

应确保待融合的图像已配准好且像素位宽一致，这样融合后的图像相比原始图像具有更高的空间分辨率和光谱分辨率，产生明显的信息和较低的噪声。如果图像配准不好且像素位宽不一致，融合效果就不好。

图像融合技术在遥感探测、导航、医学图像分析、安全检查、环境保护、交通监测、灾情监测与预报等领域都有重大的应用价值。

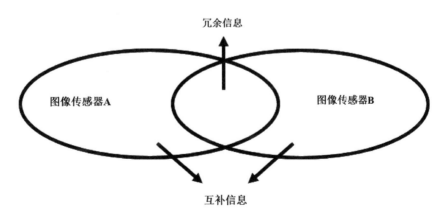

图 2.34　图像融合图示

2.6.2　技术特点

高效的图像融合方法可以根据需要综合处理多源通道的信息，有效地提高图像信息的利用率、系统的自动化程度。图像融合的目的是将单一传感器的多波段信息或不同类传感器所提供的信息加以综合，消除多传感器信息之间可能存在的冗余信息和矛盾，以增强影像中信息的透明度，改善解译的精度，提升使用率，形成清晰、完整、准确的信息描述。

2.6.3　类别划分

一般情况下，图像融合类别由低到高分为：像素级图像融合、特征级图像融合、决策级图像融合。

1. 像素级图像融合

像素级图像融合是最基本的图像融合（图2.35）。经过像素级图像融合后得到的图像具有更多的细节信息，如边缘、纹理的提取，有利于对图像进一步分析、处理，还能够把潜在的目标暴露出来，有助于识别潜在的目标像素点。这种融合方法可以尽可能多地保存源图像中的

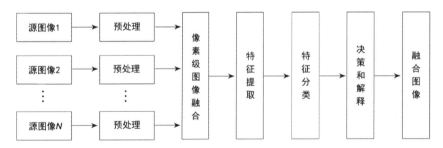

图2.35　像素级图像融合流程原理

信息，使融合后的图像无论是内容还是细节都有所增加，这个优点是独一无二的。但像素级图像融合的局限性也不容忽视，由于它是对像素点进行操作的，所以计算机就要对大量的数据进行处理，所消耗的时间会比较长，不能及时地将融合后的图像显示出来，无法实现实时处理；在进行数据通信时，由于信息量较大，容易受到噪声的影响；如果图像没有严格配准就直接进行图像融合，会导致融合后的图像模糊，目标和细节不清楚、不精确。

2. 特征级图像融合

特征级图像融合是把源图像中的特征信息提取出来，这些特征信息是观察者对源图像中的目标区域或感兴趣的区域，如人物、建筑、车辆等信息，进行分析、处理与整合，可以得到融合后的图像特征（图 2.36）。对融合后的图像特征进行目标识别的精确度明显高于源图像的精确度。特征级图像融合对图像信息进行了压缩，并用计算机分析与处理，所消耗的内存和时间与像素级图像融合相比都会减少，得到图像的实时性就会有所提高。由于以提取的图像特征作为融合信息，所以会丢掉很多细节性特征。

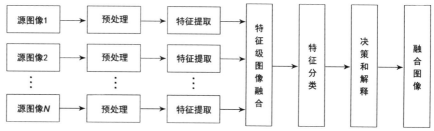

图 2.36　特征级图像融合流程原理

3. 决策级图像融合

决策级图像融合是以认知为基础的图像融合，它不仅是最高层次的图像融合方法，而且它的抽象等级也是最高的（图2.37）。决策级图像融合是有针对性的，根据具体要求，将来自特征级图像所得到的特征信息加以利用，然后根据一定的准则以及每个决策的可信度直接做出最优决策。在所有融合类别中，决策级图像融合的计算量是最小的，但这种方法对特征级图像融合有很强的依赖性，得到的图像与前两种融合类型相比不是很清晰。

在实际应用中，使用最多的是像素级图像融合，目前绝大多数的图像融合算法均属于该层次的融合。图像融合狭义上指的就是像素级图像融合。

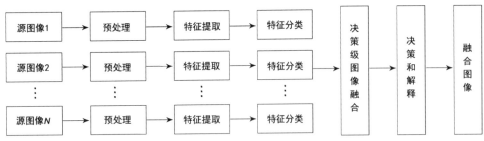

图2.37 决策级图像融合流程原理

2.6.4　应用领域

图像融合诸多方面的优点,使其在医学检测(图2.38)、遥感监测(图2.39)、计算机视觉设计、气象预报、军事目标识别等方面得到广泛应用。

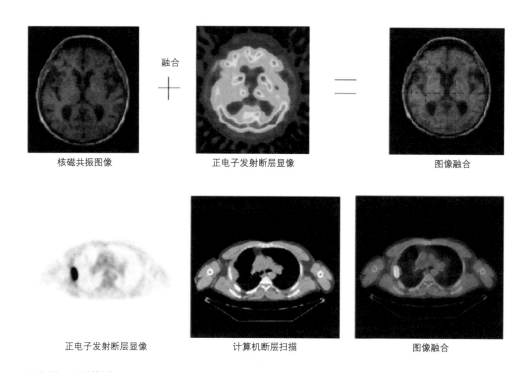

核磁共振图像　　　　　　正电子发射断层显像　　　　　　图像融合

正电子发射断层显像　　　　计算机断层扫描　　　　　　图像融合

图 2.38　医学检测

图 2.39　遥感监测

2.7　数字影院

【数字影院】

2.7.1　概念定义

数字影院，顾名思义，即以数字方式放映电影的影院。数字影院使用国家认可的数字放映机，以数字拷贝作为影片载体。数字电影从电影制作工艺、制作方式、发行及传播方式上均全面实现数字化。

与传统电影相比，数字电影最大的区别是不再以胶片为载体，以拷贝为发行方式，而是以数字文件形式发行或通过网络、卫星直接将其传送到影院、家庭放映设备等终端。数字化播映是由高亮度、高清晰度、高反差的电子放映机依托宽带数字存储等技术实现的。

数字电影技术将图像分解为最小的单元——像素，再重新组合，以改变或者重建某一部分的影像和情景，创造出一般摄影方法根本达不到的扣人心弦的镜头，使创作更加自由。3D 数字电影的镜头制作过程大致为：制作实物模型→扫描模型得到草图→电脑建模→还原质感→后期处理（加入灯光、特效等）→画面合成。

2.7.2　技术特点

相比传统影院，数字影院的优势如下。

（1）高清晰度、超逼真、全视野立体画面打造极致观影效果。

（2）多样化的表现形式，使影片内容精彩纷呈。

（3）通过现场考察，为客户定制个性化数字投影方案。

2.7.3 应用领域

随着社会的发展和科技的进步，数字影院越来越贴近人们的生活，在科技教育、娱乐休闲、展览展示等领域，得到越来越多的人的喜爱。数字影院以其独特的视觉、听觉、触觉等感官体验，令人身临其境，回味无穷。下面主要介绍较为常见的数字影院类型，如 3D 影院、4D 影院、5D 影院、环幕影院、球幕影院等。

1．3D 影院

（1）展项介绍。

3D 影院是在 2D 影院的基础上发展而来的特种影院，具有科技含量高、效果逼真等特点。观众在观影时仿佛置身于影片展现的环境中，可以真实感受到影片的场景，获得高新技术带来的新奇体验（图 2.40）。

图 2.40 3D 影院观影效果

（2）技术原理。

因为人类的两眼之间有一定的距离，所以在观察一个三维物体时，看到的物体图像是不同的，它们之间存在像差，由于这个像差的存在，我们可以感受到一个三维世界的深度立体变化，这就是所谓的立体视觉原理。

① 显示原理。

3D 影院借鉴人眼观察物体的方法，利用两台并列放置的摄影机，分别代表人的左、右眼，同步拍摄出两条略带水平视差的电影画面（图 2.41）。电影放映时，将两部影片分别装入左、右放映机，并在放映镜头前分别装置两个偏振轴互成 90° 的偏振镜。两台放映机需同步运转，同时将画面投放在银幕上，形成左右双影像。当观众戴上特制的偏光眼镜时，由于左、右两片偏光镜的偏振轴互相垂直，并与放映镜头前的偏振轴相一致，所获取的视觉信息通过双眼的汇聚功能将左右图像叠合在视网膜上，大脑神经产生三维立体的视觉效果。一幅幅连贯的立体画面，使观众感受到景物扑面而来或进入银幕深处，产生强烈的身临其境的感觉。

图 2.41　略带水平视差的电影画面

② 偏振技术。

影像立体是通过光的偏振来实现的。光的偏振有内部和外部两种实现方法。线性偏振是早期放映采用的影像立体的解决技术，其原理是将投影机发出的光分别沿着 X 轴、Y 轴偏振，然后和立体眼镜的 X 轴、Y 轴方向的光栅相吻合，从而实现立体影像。

圆周偏振是一种新的偏振技术，其原理是：光线传播时，垂直传播方向的 360° 都有光波振荡传输。光的偏振实际上是利用某一特定方向的光波进行显示的原理。圆周偏振技术的原理是光线的偏振方向可旋转变化，左右眼看到的光线的旋转方向相反。基于圆周偏振技术，观众的头部可以自由活动，因为光线的方向变化不影响显示效果。

③ 3D 眼镜。

在立体投影的模式下，屏幕上显示的图像先由驱动程序进行颜色过滤。渲染后传给左眼的场景会被过滤掉红色光，传给右眼的场景会被过滤掉青色光。观看者佩戴立体眼镜观看，这样左眼只能看见左眼的图像，右眼只能看见右眼的图像，正确的图像色彩将由大脑合成。3D 眼镜可分为偏光式 3D 眼镜、主动式 3D 快门眼镜、红蓝 / 红青 3D 眼镜、偏振镜、液晶快门眼镜。

2．4D 影院

（1）展项说明。

随着科学技术的快速发展和人们生活水平的不断提高，人们对文化娱乐的要求也在不断改变和提高。20 世纪 90 年代初，动感电影和 4D 电影进入人们的生活。

所谓 4D 电影，也叫四维电影，即三维立体电影和周围的模拟环境组成的四维空间。观众在观看 4D 电影时，随着影视内容的变化，可实时感受到风暴、雷电、下雨、撞击、喷洒水雾等，以及与立体影像对应的事件。4D 影院的座椅具有喷水、喷气、震动等功能，以气动为动力。

4D 动感电影（动感电影与 4D 电影的融合）的座椅可模拟升降、俯仰、摆动三种运动。每套座椅可乘坐两人，组合方便，动感效果好。由于每套座椅都有各自的运动驱动和控制系统，所以制造成本较高。4D 电影室内设备如图 2.42 所示。

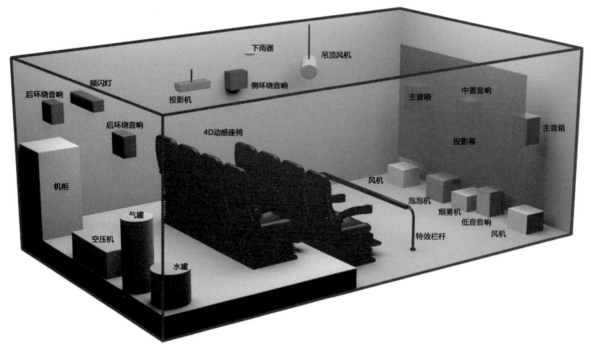

图 2.42   4D 电影室内设备

（2）技术原理。

① 环幕立体技术。

4D 影院的环幕立体技术系统由多台电影放映机或投影机经过无缝拼接与
变形矫正组成一个全景式画面。大尺度、具有立体视觉的形象或横穿影
院，或环绕观众运动，带给观众强烈的真实感和临场感。

② 声光电特效。

4D 影院采用人工模拟的方式产生吹风、喷水、烟雾、闪电等多种特效，
同时观众座席采用具有多种运动效果的 4D 座椅，可以让观众感受到震
动、坠落等效果。计算机的精确控制使特技效果与影片内容完美结合，
加强了观众的临场感。

③ 同步控制技术。

4D 影院采用同步控制器，利用计算机实时控制各种特效执行机构，使各项特效动作与影片的内容完美地结合在一起，增强影片的现场效果。

④ 数码电影技术。

4D 影片的制作充分利用了计算机强大的图形图像处理技术，将拍摄的实景与三维制作的模型相结合，能够获得实拍无法得到的镜头，让编导可以充分发挥自己的创造力，创作出精彩的影片。

（3）影院构成。

4D 影院根据其功能可分为非立体 4D 影院、立体 4D 影院、4D 动感影院。

随着 3D 立体技术的发展，裸眼 3D（立体）技术越来越成熟。伴随环境特效的增强，可把影院升级为 4D 动感影院（也称为 5D 影院）。

① 银幕结构。

从视觉角度讲，影院采用柱面弧幕呈现 3D 影像——银幕保持在有相同圆心的一段弧度上，而不是一个平面（屏幕）上。银幕的宽高比例最好为 16：9。柱面弧幕使 3D 物体运动范围大为扩展，观众的视野变得更加开阔，摆脱了平面视觉的束缚；也使影视空间和现实空间更为接近，并且可以呈现横越、环绕等多种运动方式，使观众产生时空错乱的感觉。

② 偏振眼镜。

考虑柱面画面效果的需要，人们专门设计和制造了适合观看柱面电影的偏振光眼镜（即立体眼镜），使观众左眼和右眼看到的影像不同，这样反映到人脑中的影像就是 3D 影像，从而创造出立体的视觉空间。

③ 4D 特效座椅。

4D 特效座椅根据影片的故事情节由计算机控制做出坠落、震动、推背、喷水等特效（图 2.43）。另外，烟雾、光电、气泡、气味、布景、人物表演等引入影片，调动观众多种感知系统，使观众真正走进影片情节。

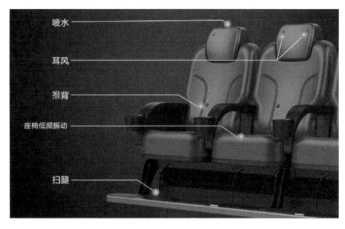

图 2.43 4D 特效座椅

（4）控制系统。

上述各种要素都具备了之后，怎样才能使它们有机、有序地发挥各自的作用呢？这就需要针对不同影片的内容专门设计对应的计算机控制系统。控制系统的核心是控制软件，程序工程师根据为影片内容专门设计的计算机控制系统，在准确的时间点设定命令，控制放映系统特效设备、音响设备等，使整个 4D 影院系统构成一个有机的整体，为观众提供全方位的感官体验。

（5）数字音响。

4D 影院的扬声器技术利用各个分立的音频通道播放声音，使观众能够听出每个声音的声源所在。通常，4D 影院都经过声学处理，能够以最大的动态范围，清晰真实地呈现声音，观众不仅能听到一根针掉落到地面的声音，而且能听出这根针掉落的位置。4D 影片的音轨都经过特殊处理，以适应 4D 影院独特的音响系统。

（6）特效环境。

4D 影院可以将精心设计的烟雾、雨、光电、气泡、气味、布景、人物表演等引入影视中，也可以制造气球等物体坠落的效果。这些特效结合电影情节，让观众在观看影片时能够获得视觉、听觉、触觉、嗅觉等全方位的感受，体验身临其境、如梦如幻的观影模式。通过一系列的技术改进和革新，4D 影视已经突破了传统意义上电影是光影艺术的概念，成为全新的、真正的高科技产品。

（7）展示特点。

4D 影院在努力创造一种沉浸感，如影片在播放中穿插真人表演、真实场景。4D 电影更强调特效技术的展现，传统电影更追求故事情节、人物塑造等方面，二者面向不同的观众群体，不存在竞争和互相影响的问题。

3. 5D 影院

（1）展项介绍。

5D 影院是在 4D 影院的基础上发展起来的，它包含了 4D 影院的所有功能（图 2.44）。5D 影院结合座椅特效和环境特效，可以模拟电闪雷鸣、风霜雨雪、爆炸冲击等多种特效，将视觉、听觉、嗅觉、触觉和动感完美地融为一体，再加入剧情式互动游戏，以超现实的视觉感受配以特殊的、刺激的效果同步表现。

观众能够参与到电影中是 5D 影院有别于其他影院的最大特点。观众可以与电影中的角色进行互动，获得置身于影片中的使命感与成就感。另外，观众与电影中角色互动的同时，还可以与其他观众互动，从而引发相当一部分观众重复观看同一部电影的冲动与欲望。这正是 5D 影院所独有的魅力，也是其商业价值极高的原因所在。

图 2.44 5D 电影效果示意图

（2）环境特效。

环境特效主要是为配合电影画面而做的特效，比如，在观看 5D 电影时，如果正在播放下雨的场景，影院所做的特效就能让观众感到有雨淋在身上；电影中刮起了风，观众会感觉到有风吹来；电影中起了雾，观众也会感觉到雾气弥漫等。环境特效系统的设备主要包括泡泡机、喷水机、吹风机、雪花机、烟雾机、闪频机、空压机，它们能营造出下雨、刮风、下雪、烟雾、闪电等多种效果。

（3）影片特点。

5D 电影作为与传统电影截然不同的新兴的电影形式，其颠覆性不只体现在影片本身与传统 2D、3D 电影有很大不同，还体现在以下几个方面。

首先，影片视角的选择。5D 影片为了提高观众的参与度，加强其真实感、刺激感，一般设计为第一人称视角，这样便于实现观众与电影的互动，达到 5D 体验的效果。

其次，放映设备的限制。5D 影片的制作是一个耗资巨大的过程，所以各个商家的 5D 影片资源都会进行加密，自家的 5D 影片只能在自家的 5D 影院设备上播放。所以说，5D 影片并不只包含影片，还有相应的动作文件，没有相应的动作文件，5D 影片也就成了普通的 3D 影片。

最后，影片内容的选择。5D 影片内容以科幻、探险、恐怖为主，能给人带来刺激感或新鲜感，能够在较短的时间内给人留下深刻的印象，产生良好的观影体验。

（4）应用范围。

① 电动 5D 影院设备。

5D 影院座椅运用的是一套运动仿真系统，它可以根据影片中的场景协同运动。电动 5D 影院设备采用伺服电机驱动，技术门槛高，生产工艺要求高，但对使用者来说，该设备结构简洁，维护方便，故障率非常低，仿真动机驱动性能好，体验度好，高效节能，污染少。

② 车载 5D 影院。

车载 5D 影院就是移动式 5D 影院，是一种将 5D 技术与移动设计理念相结合的高科技影院产品。车载影院可以自行移动到需要体验 5D 影片的用户身旁。车载 5D 影院的特点是投资小、见效快。影院箱体和车身是一个整体，这样移动起来更加方便，体验方式更加灵活。

4. 环幕影院

（1）展项说明。

环幕影院的屏幕不同于一般的电影屏幕，它采用环面投影屏幕，将观众围绕在中心。超长跨度的广阔画面充满观众的视野，全方位立体声与影片情节相辅相成。环面投影屏幕的弧度有 360°、270°、180° 等多种选择，可根据场地的具体情况进行个性化设计和施工，保证环幕影院最佳的视听效果（图 2.45）。

在观看环幕电影时，观众被广阔的画面和多路立体声包围，从而产生一种不寻常的强烈感受。他们会不自觉地感到自己就是电影场景中的一员，并随着电影镜头的变化而产生不同的感觉。

（2）基本构成。

环幕影院的屏幕是由若干块（通常为 9 块）银幕连在一起构成的，每两块银幕之间留出一条小小的空隙作为放映窗口。环幕电影是由一根中轴环列 9 台同步运转的摄影机向广阔的四周空间拍摄的。

图 2.45　环幕电影示意图

图 2.46　球幕电影示意图

放映时，9 块银幕拼接成一幅弧形的画面。观看环幕电影时，观众好像置身于电影环境之中，可以前后左右地任意欣赏，这种身临其境之感是普通宽银幕所不能达到的。

5. 球幕影院

(1) 展项说明。

球幕电影是一种放映银幕为穹形的电影，也叫"穹幕电影"。其穹形银幕是宽银幕发展到极限，转而又向室内顶部发展而成的，它就像一口大铁锅一样把观众罩在下面（图 2.46）。这种穹形银幕最早是半穹形的。1939 年，在纽约世界博览会上，有人用5 台放映机把一幅巨大的合成画面放映在半球形的银幕上，令观众赞叹不已。第二次世界大战中，有的国家曾经把敌机的图像放映在这种穹形银幕上，供防空训练用。直至 20 世纪 70 年代其银幕才发展成全穹形。球幕电影多采用单机拍摄、单机放映方式，拍摄时用带鱼眼镜头的 65mm 或 35mm 摄影机，放映时一般采用带鱼眼镜头的 70mm 放映机。

（2）播放模式。

球幕电影在拍摄和放映时，所采用的鱼眼镜头是一种视角特别广阔的特殊镜头，它的构造和功能像鱼的眼睛一样。人类在不转动头部也不转动眼球时，只用一只眼睛，左右看到的清晰范围大约是50°。鱼类的眼睛看到的比我们人类宽广得多，达到了180°。球幕电影的拍摄和放映就运用了鱼眼的原理。

球幕电影已成为科学研究和科学普及的理想工具，特别是在太空、海洋、军事、大气物理等科学领域，更能发挥出它显著的优越性。

在球幕影院里，座位一般设计成躺椅形式，这样，观众就能非常舒服地仰望穹顶观看影片。高清晰度、超大穹顶的画面，超出观众的视野范围，加上全方位六声道立体音效，使观众犹如置身于影片场景之中。

穹形银幕的直径大小直接影响着厅内观众的容量。建在中国科技馆内的球幕影院，屏幕直径达 30m，整个屏幕面积超过 1000m²，可容纳 400 多人，是当今世界最大的球幕影院之一。球幕电影以超人眼视角的画面和逼真的立体音响效果，成为当代电影艺术的一朵奇葩。目前，只有少数国家建造了球幕影院。

（3）建筑构造。

由于球幕影院的建筑主体是个半球，而且球的直径又大，因而在建筑施工方面比一般建筑复杂得多（图 2.47）。如球形网架安装、屏幕的固定、厅内排气换气、消防报警等施工项目，都是建造过程中的难点，特别是在建筑声学处理上，更是关键。

为了避免和减少球体中心处的声音聚集，不能将声音聚焦中心设在观众座位上，而应设在观众的上方。放映机的氙灯功率为 2～3kW，有的甚至要用到 15kW。如此大功率的光源，冷却散热成了最大的技术难点之一。因此，有的放映设备在镜头处不仅要用风冷，而且要加入水冷。此外，放映机的鱼眼镜头是另一个技术难点，它不仅要光通量大、成像清晰度高，而且要设法消除色差，也要尽量减少球差以避免画面变形。

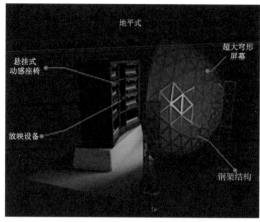

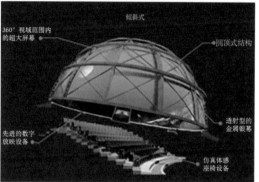

图 2.47 球幕影院建筑构造

(4) 展示特点。

球幕影院的立体放映系统、动感特效座椅
与特效设备、计算机控制系统这三者协同
作用，构成一个系统，共同刺激观众的视
觉、听觉、触觉、感觉等，营造出身临其
境的整体效果。

2.8　数字沙盘

【数字沙盘】

2.8.1　概念定义

数字沙盘也称多媒体沙盘，是利用投影设备结合物理规划模型，通过精确对位，制作动态平面动画，并投射到物理沙盘，从而产生动态变化的新的物理模型表现形式，可以充分体现展示内容的特点，达到一种惟妙惟肖、变化多姿的动态视觉效果。它对参观者来说是一种全新的体验，让人产生强烈的共鸣，比传统的沙盘模型更直观。

数字沙盘由4个主要部件组成：图文扫描仪、中心电脑、电子驱动器、传统沙盘。它通过声、光、电、图像、三维动画以及计算机程控技术与实体模型相融合，凭借动感且鲜明的三维立体画面，把现代电子技术与传统沙盘相结合，使传统沙盘获得新生。

数字沙盘广泛地应用于科技馆、博物馆、多媒体展厅、房地产展厅、多功能会议室、展会。

数字沙盘当前主要分为两种：一种是在原来传统的沙盘模型上增加多媒体投影机系统；另一种是纯三维数字沙盘，一般有互动功能，投影面一般为经过特殊处理的白色或灰色幕面，设有实体沙盘模型。

2.8.2　数字沙盘与传统沙盘的区别

图 2.48 中的两个沙盘实际上是同一个沙盘。左边是关闭数字沙盘的光影效果时拍摄的照片，可以认为这就是一个传统的沙盘模型，是静态的；而右边是开启数字沙盘光影效果时拍摄的照片，光影效果（即视频）的加入，使得整个沙盘模型完全"活"了起来，能模拟历史变迁、自然环境变化、四季变化等。

（1）数字沙盘可以清晰生动地展示内容，吸引参观者走近观看。
传统沙盘只能在固定的比例下向参观者展示，参观者无法走近观看，模型中央内容往往会被周围的模型遮挡，让参观者无法了解沙盘的完整内容。

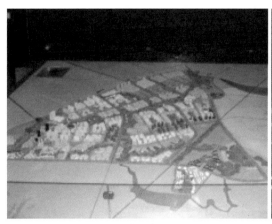

图 2.48　关闭与开启光影效果的数字沙盘

而数字沙盘则可以动态地展示不同比例下的全景沙盘，通过图像与视频的融合技术可设置比例，甚至各角度旋转播放，向参观者毫无保留地展现完整内容。

（2）数字沙盘不仅能跨越空间的界限，还能跨越时间的变迁。
传统沙盘占地面积大，更换成本高，场地也无法做到灵活多变，并且沙盘上的标志内容一旦制作完成，就难以更换新的信息。

而数字沙盘的场地可多次重复利用，实时切换沙盘主题，而且空间上的每一个图元、数据信息都可以即时同步更新，是城市规划馆不可或缺的展示方式，可展现城市的变迁。

（3）数字沙盘可以按需求演示，且具有超强的互动性。
传统沙盘仍停留于"可远观而不可亵玩"的状态。数字沙盘早已突破"只可远观"的限制，通过三维影像与交互设计，融入互动功能，例如通过点击查询更详细的信息，设定人体动作，展示特定图像与参观者产生互动，都增加了趣味性。

2.8.3　技术特点

数字沙盘可以融合更多的设计元素，满足客户的个性化需求，并且更新速度较快。

（1）展示内容广。
数字沙盘能简单明了、一目了然地展示完整的内容。

（2）设计手法精湛。

整个展示过程不落俗套，既有在传统沙盘上的创新，又有基于现代高新科技成就的互动。

（3）展示手段先进。

数字沙盘大量运用高科技展示手法，集声、光、电、互动项目、三维动画等现代视觉效果之大成，结合趣味性、互动性与知识性，寓展于乐。

（4）科技含量高。

数字沙盘设有中央控制系统，可以控制厅内照明、计算机、电视机、操作台、空调等。操作者可以预先编制运行程序，例如设置好何时开启电源、关闭电源，设备就可以自动运行。

2.8.4　应用领域

数字沙盘应用领域广泛，覆盖房地产、交通、城市规划、军事、旅游等领域，并不断融合新的技术、新的创意，让自身具有更多的功能，适合更多的应用领域。

（1）房地产展厅。

对于房地产展厅来说，沙盘不可或缺。房地产数字沙盘通过严谨的设计，实现多功能同步联动，使用沙盘 LED 灯光、动态投影视频、大型弧幕等设备，将楼盘最美好的一面展现得淋漓尽致（图2.49）。

数字沙盘把楼盘信息（户型设计、周边环境、楼盘规划、设施等）及楼盘建成后的效果等内容生动地展现出来，达到良好的宣传效果，让人们快速获取楼盘信息，加强购房欲望。

（2）城市规划馆。

在城市规划馆中，最不可缺少的就是沙盘。沙盘是一个城市的微缩，向观众提供一个鸟瞰的角度观察城市。但传统的沙盘模型只能在一个时间维度上表现城市，对于一个长达几年甚至几十年的城市规划来说，表现力远远不足。城市规划数字沙盘可动态地展现一个城市在不同的时间维度上的面貌，是呈现城市规划的最佳工具（图2.50）。

图 2.49　房地产数字沙盘

图 2.50　城市规划数字沙盘

数字沙盘可生动直观地展示城市交通流线，模拟交通事故，演示交通中常见的斑马线、交通信号灯、并线、倒车入库等内容。另外，语音解说功能可辅助沙盘演示，达到交通安全警示和教学的效果。

（3）军事指挥。

数字沙盘是军队指挥作战中必不可少的设备之一（图 2.51）。各大指挥场所设置的数字沙盘，可模拟山川河流、道路桥梁，使部队人员对当地地形更加了解，让军事计划能够更加生动、清晰地展现。

（4）科普展示。

围绕科普展馆内容的相关知识展开的数字沙盘，能营造出一个集趣味性、知识性、参与性于一体的科普天地，寓教于乐（图2.52）。

例如，博物馆数字沙盘将视频、音频、图片、文字等媒体加以组合应用，深度挖掘展览对象的文化底蕴，刺激观众视觉、听觉及其他感官，打造崭新的沉浸式体验。

（5）企业形象展示。

针对企业所需要展示的内容进行定制开发的数字沙盘，具有内容针对性强、表现样式丰富、展示效果显著等特点，是展示企业综合实力的最佳选择（图2.53）。

图 2.51 军事数字沙盘

图 2.52 科普数字沙盘

图 2.53 企业形象展示数字沙盘

2.9 智能中控系统

【智能中控系统】

2.9.1 概念定义

智能中控系统是指对声、光、电等各种设备进行集中管理和控制的系统（图 2.54），可通过触摸屏、平板电脑等轻松实现多种设备的远程控制。

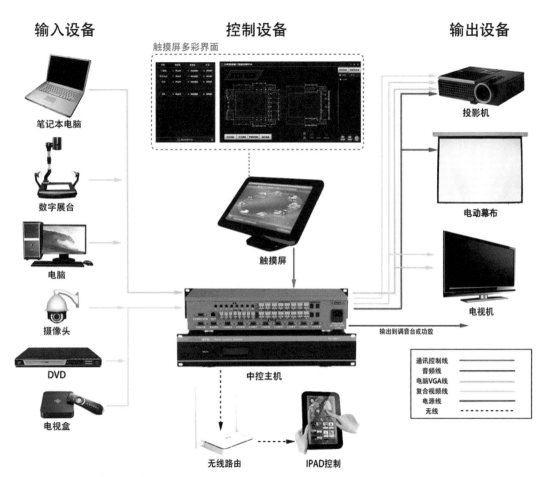

图 2.54 智能中控系统工作原理

智能中控系统一般由四部分组成：用户界面、中央控制主机、各类控制接口、受控设备。具体又可分为以下几个模块：音视频切换模块、VGA 电脑信号切换模块、红外学习及发射模块、设备电源管理模块、电动屏幕控制模块、音色音量处理模块、控制接口处理模块、电源模块等。智能中控系统除了可以完成以上各模块特定的功能，还可以通过编程方式，增加其他控制或通信功能。

2.9.2　技术特点

（1）数字化。
智能中控系统内部传输的均为数字化信号，例如数字话筒采用了模数转换技术。多数单元设备也使用了"模—数"和"数—模"的转换器，因此外部模拟设备（如广播、录音、有线或无线的音频设备等）经过音频媒体接口可以直接进入数字系统网络。

（2）模块化。
任何层次的会议都可以通过模块化选择符合要求的设备来组成相应的系统。对已建立的系统，也可以加入更多的多媒体设备，通过电脑软件进行控制，使系统进一步扩展。

（3）智能化。
系统与系统之间有了联系，就有了可以通信的语言，使原本相对独立的各个子系统有机地结合在一起，并产生互动。

（4）高效率。
彻底颠覆了原有的会议保障的模式，节省了人员、简化了步骤。

（5）简单化。
简化了会议保障或会议控制烦琐的操作步骤，减少了因步骤烦琐而产生的失误。

（6）提升会议室的整体形象。
外观时尚美观的无线触屏和为用户量身定做的触屏画面，可以提升会议室的形象。

2.9.3　应用领域

智能中控系统广泛应用于多媒体教室、多功能会议厅、指挥控制中心、智能化家庭（图 2.55）、新闻发布室等环境之中。用户可用按钮式控制面板、计算机显示器、触摸屏和无线遥控等设备，通过计算机和智能中控系统软件控制投影仪、展示台、影碟机、录像机、卡座、功率放大器、话筒、电动屏幕、电动窗帘、灯光等。

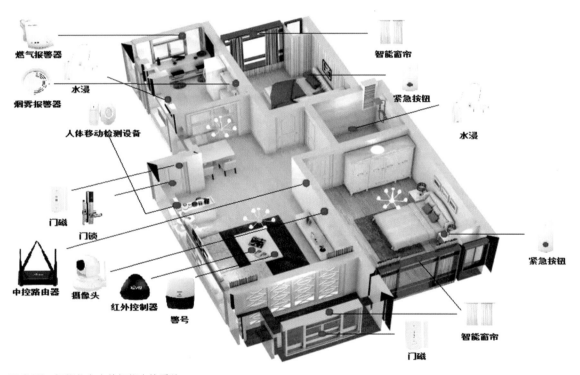

图 2.55　智能化家庭的智能中控系统

以多媒体教室为例，智能中控系统是所有电教设备的控制中心，教室内所有的电教设备，如录像机、影碟机、投影机、电动屏幕、音响，还有灯光、电动窗帘都可以与中央控制器相连，受其控制。它在多媒体教室中的主要作用就是对多媒体设备进行集中控制与管理，极大地方便了多媒体会议室的设备操作。

可编程的智能中控系统，可跨网络通信，将分散在各地的会议室连接起来，实现所有会议的远程集中控制管理和交互操控体验。该系统具备开放式编程功能，可以根据用户的使用习惯，定制用户常用的会议场景，如投影模式、讨论模式、视频会议模式等；用户只需按下对应模式的按键，即可快速进入预设的会议场景。

除此以外，该系统搭配周边传感模块可以对室内温度、空气质量、烟雾火警等情况进行实时检测，并可以将这些信息同步到触屏端。例如在室内温度超标的情况下，系统将自动开启空调，调节室内温度。

2.10 智能导览系统

【智能导览】

2.10.1 概念定义

智能导览系统指利用电子传感、无线感应、二维码识别等技术实现的基于某种规则自动执行的导览系统或设备。

随着人们物质生活水平的提高，景区、展馆不仅是提供人们休闲娱乐的场所，更是人们感受文化、享受生活的场所。例如文博展馆，人们已不满足于简单地看一看奇珍异宝，还想知道它们背后的故事，只有真正地了解其渊源，才能更深刻地体会其内涵。这就需要文博展馆为游客提供规范、详尽的讲解，智能导览系统无疑是一位极佳的电子讲解员。

随着物联网、传感网、云计算、地理信息技术等高新技术的快速发展，智慧游览、智慧景区在我国实践的智慧城市背景下应运而生。诸多景区、展馆开始数字化建设，科技互联网公司纷纷进入智慧文旅行业改造市场。智能导览系统基于地理信息和展品信息传递、三维可视化数据采集，为游客提供展馆内各展品的智能化、可视化的全面信息，对满足游客的个性化需求、提升展馆服务管理水平及相关行政部门的管理效率来说，具有重要意义。

智能导览系统结构如图 2.56 所示。

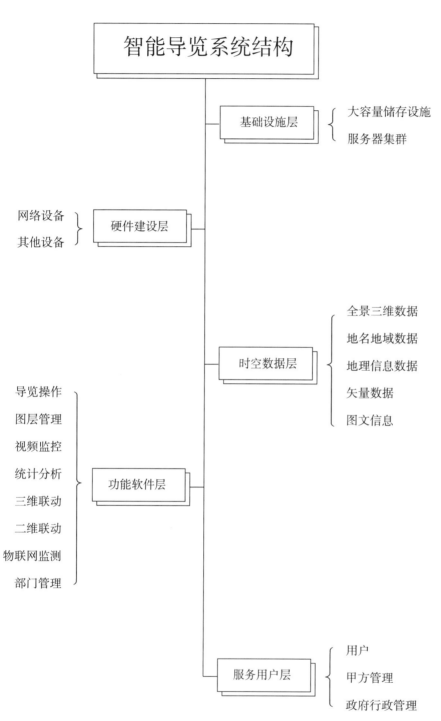

图 2.56　智能导览系统结构

2.10.2　内容设计

（1）全景三维可视化数据库建设与平面图片、文本信息、GPS 坐标数据等有直接关系，它们的有机结合可以完成数据的一体化采集和集成。在进行平面图片设计时，需要对各个展区内的基础数据进行采集。

（2）全景三维可视化数据是通过实地拍摄并进行后期拼接处理而成的360°环形图片，其本身不带有任何坐标信息。全景三维可视化技术的出现，实现了对二维地理信息技术的发展及延伸，为三维地理信息系统的发展提供了必要的数据信息。如何与 GIS 有机结合，综合考虑人们使用传统地图导航习惯及全景 VR 体验在现实环境中的映射，最终实现可视化的 LBS 智慧导览信息服务是系统整体设计重点。

（3）自适应三维可视化作为基础信息，纳入智慧景区导览系统中，人们在地图平台上，能够搜索到 3km 以内的知名景点、酒店、餐饮、娱乐及公共设施等基础数据信息。数据平台建立了规范的接口，其中功能接口主要包括导游导览、宣传推广、预订、支付等功能，为游客了解智慧景区中的内容提供了较大的便利。

（4）三维可视化互动应用利用全景 VR 技术和 GIS 技术。该应用的特点是三维可视化、智能化，但也因此带来交互体验设计难点——既要考虑人们的交互习惯，又要创新可视化，以实现便捷高效、新颖有趣的交互设计。

（5）智慧导览应用的展示交互终端不仅有传统的 PC 端，还有触摸大屏，以及普及率非常高的智能手机。因此展示交互终端不仅有多种不同类型，同一类型终端中还有不同屏幕尺寸、操作系统等。结合全景三维可视化技术和 GIS 技术开发智慧景区应用，需要解决一套全景三维可视化内容在多种不同终端类型的自适应匹配，这也是设计的难点之一。

2.10.3   设计实现

智能导览系统的设计实现由硬件建设、数据库建设及软件建设三部分组成。

1. 硬件建设

智能导览系统通过覆盖 Wi-Fi 和蓝牙、布设触摸屏等方式，优化信息智能化硬件设备，增加线上线下互动，并提供多个应用入口连接手段。

2. 数据库建设

（1）采集基础数据，可通过全景拍摄采集与基础信息数据采集两种方式完成。

（2）构建以地图平台为基础的信息入口、公共设施信息等基础数据，建立相关规范接口，包括宣传推广、导游导览、预订支付等功能接口，各景点、协会、商户在此基础上都可定制、选择接入范围、类型，游客一键即可全面了解智慧游览的方方面面。

3. 软件建设

智能导览系统的应用功能以游客需求为出发点，结合全景技术、地图信息导航功能、周边商业生态、特色活动设计，将展品的特点、背景等完美展示在游客面前，以达到提升游客服务、宣传推广的目的，助力展馆先进的智能化建设。

2.10.4　应用领域

智能导览系统主要为展馆及景区的游客提供智能化的自助服务，通过电子导览设备（图 2.57）和后台中央数据库所形成的网络控制系统，将展品内容展现给游客。

以博物馆智能导览系统为例。博物馆智能导览系统是以平板电脑等设备为载体的智能讲解导览服务系统，集成了物联网、移动互联网和大数据等技术，以便捷、智能、人性化的优势，通过展品的自动定位、游客定位和游客行为识别等功能，为游客提供相关文物的语音讲解（图 2.58）、延伸信息（图 2.59）及互动体验等内容，与观众实现智慧互动，提升观众的参观体验，从而讲好文物的故事，"让文物活起来"。

图 2.57　电子导览设备

图 2.58　语音讲解

图 2.59　文物延伸小游戏

观众可租借智慧导览器在展厅中自由参观，当靠近带有"智慧导览"标签的文物时，导览器自动感应观众的位置并播放附近指定文物的讲解，还可选择互动内容进一步探索更多知识，开启有趣的"智慧导览之旅"。

(1) 智能无线讲解系统。

随着国家对文博行业的重视发展，市面上也出现了不少语音导览产品，适应展馆多样化的接待场景、接待需求。智能无线讲解系统作为展馆常见的语音导览之一，给接待带来了不少便利。智能无线讲解系统由讲解发射器与若干耳挂式接收机组成（图 2.60），讲解员通过讲解发射器解说，观众佩戴耳挂式接收机，即可收听对应团队讲解员的解说内容，常见于展馆、景区、工厂参观、会议接待等场景。

智能无线讲解系统使用特点如图 2.61 所示。

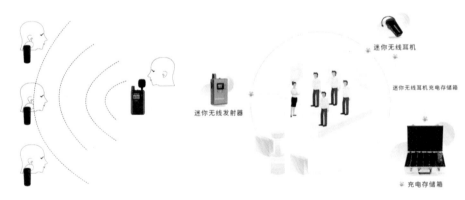

图 2.60　智能无线讲解系统图示

智能无线讲解系统使用特点	
无线连接，团队独立	采用对频连结的接收方式，各团队独立讲解，互不干扰
一对多讲解方式	无线讲解器可与多个接收耳机相连接，没有数量限制
传输距离远	无线讲解系统传输距离远，在200m内的开阔地带可以传输立体音频数据，观众在参观时不必紧跟讲解员身后

图 2.61　智能无线讲解系统使用特点

智能无线讲解系统使参观更自由随性，可适应多种复杂的参观条件，满足各类规模团队接待需求，提升参观体验。智能无线讲解系统不仅适用于各类展馆、博物馆与旅游景区的团队参观，还适用于同声传译等场景。

（2）智能导览系统的运用领域与技术特征。

全景数据、三维 GIS 及云端的多屏合一等技术是目前比较前沿的技术，在很多行业都有应用。游客不再仅限于单一的相册式浏览，可以利用 PC、触摸大屏、智能手机实现沉浸式的漫游及可视化的导航和信息查询。智能导览系统的综合应用大大提升了游客的游览兴趣，并促进了知识的传播。

课后训练与习题

一、课后训练

（1）通过观看和学习与多媒体展示技术相关的影视资料，了解不同类型的多媒体展示技术应用手段，举例说明多媒体展示技术应用对现代社会而言有何意义，思考如何将其运用到设计中，并做一份构想方案设计。

（2）课后体验一两种多媒体展示技术，感受其特点及优缺点，在课堂上分享自己的感受。

（3）根据自己感兴趣的多媒体展示技术应用形式，分析其在我国文化自信建设中发挥的作用，整理内容并提交文字作业。

二、课后习题

1. 填空题

（1）混合现实（MR）是一组技术组合，包括增强现实和增强虚拟，它指的是合并现实和虚拟世界而产生的新的可视化环境，_____和_____很难被区分。

（2）增强现实（AR）将计算机生成的_____叠加到现实世界中，达到对现实世界的增强效果。

（3）多媒体技术是指使用计算机_____和数字_____处理多种媒体文本、图形、图像、视频、声音，使多种信息建立逻辑，连接成一个交互系统，而这种交互系统被概括地称为"互动多媒体"。

2. 思考题

（1）你身边有哪些设计运用了运全息投影技术？你认为应该如何发展具有我国特色的全息投影技术？

（2）设计如何与混合现实技术结合？你认为混合现实可以提高人们的生活质量吗？

（3）数字沙盘对于城市管理及智慧城市建设有什么作用？如何将多媒体技术与展示内容更好地结合？

（4）智能化家居产品如何满足不同人群的喜好？谈谈你对智能化家居产品的了解。

第 3 章
多媒体展示技术对硬件、软件及环境的要求

在展示活动中，数字化多媒体已逐渐弥补其技术短板。但展示活动具有临时性、灵活性的特点，且主题变换频度高、展示形式多样、展陈空间变化丰富、硬件移动性强、展示效益明显，这些对数字化多媒体展示技术提出了更高要求。

学习目的

了解多媒体展示技术对硬件、软件及环境的要求。

知识框架

3.1　硬件要求

由于传统网页界面视觉展示系统存在清晰度较差和运行速率较低的问题，所以重点对展示系统硬件中的采集器、处理器和显示器三部分进行设计，以解决传统展示系统的不足。

当前条件下，人们对数字虚拟展示平台的基本诉求是：第一，可生成虚拟环境，并实现 360°全景呈现，即由传统展示向沉浸式展示递进；第二，可漫游、交互，通过各种交互模块（手柄、体感设备等）实现虚拟游走；第三，可实现网络化漫游，使观众足不出户在网络环境中浏览展示内容，即沉浸式动态线上观展；第四，实现热点信息的增强叠加，将展览重点素材叠加在虚拟环境中形成互动；第五，实现场景内的多用户社交关联体验，在虚拟空间中连通多个用户，发展以社交为基础的游戏化虚拟展示；第六，具备宽泛的硬件适配性能，能够保证与多数计算终端、显示硬件、交互硬件的平稳连接。

目前的展示系统构架大致由三个模块组成：场景采集模块、数据处理模块和虚拟展示模块。

场景采集模块（采集器）：负责采集外部信号，采集器内部选用 TUD232 芯片，该芯片能够同时采集视频数据、音频数据和文字数据，具有全面性的优势。

数据处理模块（处理器）：选用 ARM10 处理器，将采集到的信息进行深度处理，再选取适当的显示模板将各类信息显示出来，以提高系统的运行效率。

虚拟展示模块（显示器）：选用液晶显示器，其具有分辨率高的特点，能够提升界面显示的清晰度。

展示内容可向投影机、显示器、手机、音响、iPad、VR 可穿戴设备等输出。在交互方面，虚拟平台应能与手柄、鼠标、蓝牙、触摸屏、RFID、红外甚至 Kinect 体感控件等设备适配，以提供具有交互功能的虚拟漫游体验。

3.2　软件要求

多媒体展示技术运用计算机技术模仿已知的事物构造出一种人工环境，可以使人置身于这种虚拟环境中，产生真实的感受和体验。

随着计算机软硬件的发展，以及体验性 VR 设备的出现，"VR" 这个词频频出现在公众的视野中，2016 年更是被称为 "VR 元年"。相对于传统的显示技术，VR 技术具有沉浸性、构想性、自主性等特点，也因此受到了各行各业的追捧。而想要获得更强的沉浸性，除了应用 VR 设备，更重要的是虚拟环境的真实程度，即场景越真实，沉浸性就越强，因此一个好的渲染引擎尤为重要。例如虚幻引擎（UE4）是 Epic 公司开发的游戏引擎，主要用来制作 3A 级游戏、电影以及逼真的可视化应用，其实时渲染能力在同类引擎中都是顶尖级别的，也因其满足制作虚拟现实内容的一切需求，近年来用其制作的虚拟现实内容也非常多。选择虚幻引擎作为开发展示系统的工具，可以创造逼真的虚拟环境，让体验者可以获得更强的沉浸感。

3.2.1　数据收集与分析

对于目标场地的虚拟再现，需要对其进行三维建模，而建模数据主要依靠实景拍照、测量、目测等方法进行收集。将收集到的数据先进行处理使其符合使用的标准，再进行三维建模。

3.2.2　界面设计

界面设计主要采用虚幻引擎的视觉 UI 创作工具——虚幻动态图形 UI 设计器（UMG）。UMG 可用于创作呈现给用户的 UI 元素，比如系统内的 HUD、菜单或与界面相关的其他图形。

3.2.3　系统交互功能实现

系统交互功能用蓝图实现。蓝图是虚幻引擎中的可视化脚本系统，它是一个完整的游戏脚本系统，其理念是在虚幻编辑器中，使用基于节点的界面创建具有可玩性的游戏元素。和其他一些常见的脚本系统一样，蓝图是一种设计模式，用于实现各个应用的视图、模板、静态文件的集合。它提供了一种将功能模块化的方法，使开发者可以将应用的不同部分分开设计和实现。该系统非常灵活且功能强大，因为它为设计人员提供了一般仅供程序员使用的所有概念及工具。

另外，在虚幻引擎的 C++ 实现上，策划人员为程序员提供用于蓝图功能的语法标记，通过这些标记，程序员能够很方便地创建一个基础系统，并交给策划人员进一步在蓝图中对这个系统进行扩展。该系统主要的交互功能就是当点击按钮（目标地点）时，场景切换到目标地点。场景切换主要通过 Target（目标点）设置用户的位置——为每个场景分别添加 Target，并将各 Target 与 UI 按钮事件联系起来。

3.3　环境要求

现代科技日新月异,多媒体技术的应用范围已相当广泛。当代展示设计师正越来越多地将多媒体技术运用到博物馆、科技馆、纪念馆、遗址公园、艺术馆、水族馆、动物园、游客中心的展示设计中,以营造全新的参观体验。例如,博物馆展示中应用的多媒体技术有:音频技术、影像技术、场景合成技术、触摸屏技术、视频技术及网络技术等。它们共同搭建了博物馆面向参观者的展示媒体技术平台,具体形式包括图片、影视、音响、互动体验设计、触摸屏信息传播、音效环境、舞台灯光、无线手持式互动装置(PDA)、互动游戏、导览系统、远程互动等。它们在博物馆展示中能够发挥强大的作用。

同时,云计算技术在网络中的应用,特别是虚拟技术的应用,对网络技术提出了新的要求——应对云计算环境下网络技术发展的新需求进行分析(图 3.1)。

图 3.1　虚拟技术需要云计算环境的基础

随着云计算技术应用不断地深入，云平台中的数据呈现出海量增加的趋势，若采用传统的网络技术与数据处理方式，已经不能满足云计算通信平台的需求。现有的网络技术需要不断更新数据处理的方式，提高信息分布式计算的效率，加强网络新技术的研究，才能满足云计算环境的需求和未来云计算技术发展的需求。

3.3.1　横向流量增大对网络技术发展的要求

由于在云计算环境中，分布式计算和虚拟机迁移给云服务器的数据传输带来了新的挑战，使各个系统之间的横向流量增加。早期云计算中的数据中心流量模型主要以纵向流量为主，即数据中心外部用户和内部服务器之间的交互流量。由于横向数据流量传输的突发性比较强，容易产生网络信号传输的阻塞，造成信号数据分组传输过程中的数据流失，这就对网络通信技术提出了更高的要求，也对网络带宽与信号的延迟提出了更高的要求。但随着云计算的发展，横向流量逐渐占据主导地位。

3.3.2　云平台的虚拟机动态迁移对网络的要求

网络虚拟机技术为云计算环境的数据提供更加灵活的处理方式，能够有效地提高云平台数据的运维效率、处理效率，并能够有效地对数据进行容灾备份。动态虚拟机迁移技术要求虚拟机能够保证网络的 IP 地址与MAC 地址不变，并在跨区域场景下的工作过程中，不受物理路由器的限制。在数据迁移后，虚拟机原有的网络配置很可能不能与现有的网络进行联通与通信，也就不能保证数据业务的正常处理，在这种情况下，就需要云计算的虚拟机位于统一的二层网络之下，才能满足虚拟机动态迁移的数据处理需求。

3.3.3　虚拟机流量监控对网络技术的要求

在云计算环境下，服务器都被改造成虚拟化的平台，使得网络的物理端口延伸到服务器的内部，这就需要网络系统能够为不同的虚拟机内部提供数据流量通信服务，并将所有网络端口关联在一起。目前，主要采用虚拟交换机来解决这个问题，即采用 vSwitch 来实现不同虚拟机服务器之间的数据监管，保证虚拟服务器之间的数据通信，同时将 vSwitch 交换机的应用范围限制在网络服务器的网卡下，从而对网络中的虚拟机之间的流量进行监控。

3.3.4　云平台的扩容对网络规模的要求

随着云计算技术的不断应用，需要采用大量的服务器与虚拟机，这就对网络规模提出了更高的要求，在这种情况下，主要采用二层网络与三层网络架构的模式，可以有效提高网络中的数据传输速率与转发规模，从而提高网络通信的效率、降低成本。

信息系统等级保护制度是我国对重要的信息系统实施保障的主要依据，是一套完整的信息系统安全评估机制。信息系统等级保护制度在信息系统安全评估中起到重要作用，已发展成一套成熟的标准体系，符合我国的信息化建设，对信息系统的安全建设具有很强的指导意义。将信息系统等级保护制度的框架应用到虚拟化技术中，对虚拟化技术进行安全评估，也具有很强的现实意义。

知识链接：

虚拟化技术（Virtualization Technology，VT）简单来说就是可以让一个 CPU 工作起来就像多个 CPU 并行运行，也就是在一台计算机上可以同时运行多个操作系统的技术。为解决纯软件虚拟化解决方案在可靠性、安全性和性能上的不足，Intel 在它的硬件产品上引入了 Intel VT。

虚拟化技术相对于传统的基于物理计算资源的信息技术而言，在数据备份和快速恢复方面具有很强的优势。然而，由于其影响 IT 架构的改变，带来了新的安全问题。按照信息系统等级保护的基本要求架构，可以将虚拟化技术带来的新的安全问题归为五类。

1. 物理安全
（1）异地备份。
应采用全备份与增量备份相结合的方式对云计算数据中心的数据、应用、配置等关键资源进行异地备份，确保异常情况下实现数据中心的快速恢复，并提供服务。

（2）链路安全。
应采用冗余线路、快速恢复等措施保障云虚拟化终端接入的链路安全性。

（3）存储隔离。
根据用户等级、应用重要性、流量特征的不同，对虚拟化环境中的存储区域进行模块化划分，以支持虚拟化环境下资源的快速分配、调度和回收。

2．网络安全

（1）结构安全。

对物理网络和虚拟网络的划分应提供明确的文档说明，并符合实际的数据传输安全策略。

（2）访问控制。

应在瘦客户端与虚拟机之间、虚拟机与应用之间设置防火墙，同时采用虚拟防火墙与物理防火墙相结合的方式，确保每层的网络流量都能被监控且访问是安全的。

（3）边界完整性检查。

检查的范围应包括物理网络和虚拟网络两个方面。

（4）入侵防范。

应加强对同一物理主机上虚拟机之间通信的入侵检测，防止攻击者占领一台虚拟机后，以此为跳板，入侵同一服务器上的其他虚拟机。

3．主机安全

（1）恶意代码防范。

应设置每台虚拟机资源占用的上限，以防止针对虚拟机的 DDoS 攻击；应通过技术手段保证虚拟机从休眠转为活动时和从备份恢复出来供用户使用时，病毒库代码及虚拟机补丁保持最新；应采取措施对物理硬盘中存储的大量的、不同状态的虚拟镜像文件进行保护，使之不能被恶意的病毒修改。

（2）资源控制。

应使用并正确配置 VMM，对虚拟资源进行优化管理；根据应用重要程度和用户特征及需求，对虚拟化的网络、存储、内存等虚拟资源进行合理分配，防止不太重要的虚拟机占用太多资源而约束重要的虚拟机，并导致重要虚拟机的崩溃。

（3）身份鉴别。

在虚拟化环境中，用户对虚拟机的访问其实包含两个过程：用户用瘦客户端向 VMM 提交访问申请；VMM 根据用户名、密码的请求判断其能够访问的虚拟机，并使其与之建立连接。所以在虚拟化环境中，身份鉴别应加强用户访问请求在传输过程中的安全性。

（4）数据保护。

在回收虚拟资源时，应采取技术措施对数据进行清除，保证新的用户在使用相同的物理资源时，不能从当前分配的虚拟磁盘中恢复出原来的数据。

4. 应用安全

（1）访问控制。

应采取技术措施对用户虚拟机进行标记，并依据用户访问权限严格控制用户对虚拟机的访问，当非法用户访问未授权的虚拟机时，标记应能对用户进行验证，并拒绝访问。

（2）信息保护。

在用户完成应用访问，释放占用的虚拟资源时，应对虚拟资源进行数据清除，保证给下一个用户使用时，数据不会被恢复。

5. 数据安全

（1）数据完整性。

应采取技术措施对系统中的虚拟镜像文件进行保护，如果虚拟镜像文件的完整性被破坏，应及时检测到，并能够迅速恢复。

（2）数据保密性。

应采用加密或者其他保护措施对系统中的虚拟镜像文件进行保密。

（3）备份。

应将 Hypervisor 的数据，如安全配置、访问策略等内容作为关键数据进行备份，并实现异地备份。

3.3.5　5G 时代到来

随着科学技术不断地创新与改革，尤其是通信技术日新月异的发展，新的产品、新的技术不断产生，为 5G 的发展提供了新的契机与可能。随着 5G 技术的不断推进，VR 行业被视为 5G 商用后率先蓬勃发展的行业之一。伴随着 VR 的普及，高质量的画面、强交互性以及经济实惠的终端产品是消费者的追求目标和行业的发展方向。高质量的 VR 内容则是促进 VR 消费市场的重要驱动之一。5G 的低时延、高带宽，可以让 VR 体验获得质的提升。5G 的低时延提高了传输速率，可以缓解用户戴上 VR 头显的眩晕感，而高带宽则保证了海量数据的传输。有了 5G 的加持，未来人们戴上 VR 头显，将直接进入一个万物互联的世界，而不只是停留在某一个场景中。5G 时代到来后，路灯、冰箱甚至衣服，都可以成为信息化终端。据统计，5G 商用后，全球智能设备将大大增加，可产生海量应用场景。5G 让 VR 的实操仿真技术获得突破，将诞生大量智能工业机器人，并涉及各行各业，包括医疗、公共服务、博物馆、展厅等领域。

课后训练与习题

一、课后训练

（1）通过观看多媒体展示技术硬件讲解资料，对多媒体展示技术的不同硬件有一定的了解。

（2）选取任意一个多媒体展示技术软件，对虚拟环境进行简单建模。

（3）收集调研当代多媒体展示技术在展厅中的运用案例，并在课堂与同学进行讨论。

二、课后习题

1. 填空题

（1）目前的展示系统构架大致由三个模块组成，包括＿＿＿＿＿＿＿＿＿＿。

（2）展示活动具有＿＿＿＿＿、＿＿＿＿＿的特点，主题变换频度＿＿＿＿＿、展示形式＿＿＿＿＿、展陈空间＿＿＿＿＿。

（3）博物馆展示中应用的多媒体技术大致有＿＿＿＿＿＿＿＿＿＿＿＿六种形式。

2. 思考题

（1）当代展厅的多样性体现在哪里？

（2）设计人员如何在 5G 时代背景下，实现万物互联？

第 4 章
多媒体展示技术
应用形式分类

为方便读者理解，本章按照功能性将多媒体展示技术应用形式分为两大类，读者通过学习，可了解基本的多媒体展示技术应用形式分类以及不同形式产生的不同效果，必要时需了解其结构原理，为将来的设计提供参考和理论支持。

学习目的
（1）了解多媒体展示技术主要的应用形式。
（2）掌握演绎类与互动类多媒体展示技术应用形式的领域。
（3）理解多媒体展项中的技术原理。
（4）学习运用不同的多媒体展项进行空间布局，设计合理的展览方式。

知识框架

按照功能性，本章将多媒体展示技术应用形式分为两大类（图4.1），一是演绎类，二是互动类。其中演绎类包括装置演绎和空间演绎，互动类包括互动信息和互动游戏。

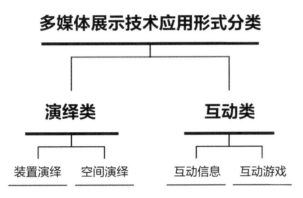

图4.1   多媒体展示技术应用形式分类

4.1   演绎类

【机器灯光演绎】

演绎类展项多以感性认知为主，对视觉营造的要求较高，它的重点不在于详细展示内容，而在于视觉形象的表达和文化理念的传递。人们能亲身体验进入预设的场景，从而更好地感受演绎空间、形式及内容。

4.1.1   装置演绎

【装置演绎】

装置演绎（图4.2～图4.4）是指利用多媒体技术将传统的展示空间中人被动接收信息的形式转化为人与环境互动的形式。观者的互动与展览空间中的作品相得益彰、相互碰撞。无论是装置艺术还是展览空间设计，最终目的都是营造出一种比传统展示方式更沉浸的艺术氛围，

图 4.2 多媒体交互装置"萤火虫之光"

图 4.3 蒂尔肯橡木桶

【自然音乐节
艺术装置】

图 4.4 自然音乐节艺术装置

感染观者的情感，或促进一种精神文化或商业行为。因此，装置演绎在展览空间的应用，能够更好地表达艺术家对人类生存和社会、精神、文化的思考，也是创业者推广和宣传产品的有效手段。只有充分理解装置艺术在现代展览空间中的作用，才能发现它们碰撞产生的美。

动力装置是现代新媒体艺术展示的形式之一。它在计算机的控制下井然有序地运动，演绎曲线、曲面、平面、文字和三维图案等各种动态造型，整体效果如同一幅流光溢彩的立体画，是科技与艺术的理想结合。例如矩阵动力装置集成了运动控制、伺服技术、机械结构、计算机程序、图形像素、视觉艺术和音乐表现等。

目前，装置演绎在使用技术上可分为物理动态、物理动态+投影、发光动态+投影、物理动态+灯光+投影。

1. 物理动态

案例1：

2012年韩国丽水世界博览会的现代汽车馆展厅运用了动力装置（图4.5）。该装置的每一个行程单元都是独立的。

大量立方体组成的巨型墙面给观众带来视觉震撼，营造了强烈的压迫感（图4.6、图4.7）。

图 4.5 动力装置

图 4.6 巨型矩阵动力装置展墙

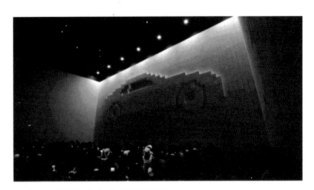

图 4.7 巨型立方体动力装置展墙

图 4.8 折扇显示装置

图 4.9 追踪人体肢体动作并作出反应

案例 2：

艺术家丹尼尔·罗津于 2013 年创作了折扇显示装置（图 4.8）。该艺术装置宽 13 英尺，整体形状是一个折扇形，由 153 只小折扇组成。

知识链接：

丹尼尔·罗津是以色列裔的数字装置艺术家，曾在多国办展，他总是不断地在媒材与数位上创新，擅长运用身边的物品去活化艺术，如纽约街头收集的垃圾、折扇、蓬松的黑白毛球，经过数字运算与人互动创造奇妙的感官体验。

该装置的灵感来源于多国，包括中国、韩国、西班牙、日本。制作材料包括檀香木和塑料合成丝，每个风机由电机驱动和电脑控制，使扇子有节奏地开合（图 4.9）。当扇子缓缓打开时，形成一个弧面，像展开的洋葱皮或孔雀开屏，十分有新意。而且当观众走近扇子时，扇子可以根据人体的肢体动作实现开与合，这是因为设计者设置了一个动作捕捉设备（红外或雷达），可以对观众的动作进行跟踪，从而实现互动。

2. 物理动态 + 投影

案例3:

艺术家 Hirobumi Asap 创作了由立体人脸生成的"镜"装置（图4.10）。
扫描器会扫描体验者的脸部，随即在计算机上生成3D模型数据
（图4.11）。然后，大约有5000支杆由墙后线性制动器（马达）控制，
从墙面推出，实时生成3D人脸（图4.12）。

图 4.10　由立体人脸生成的"镜"装置

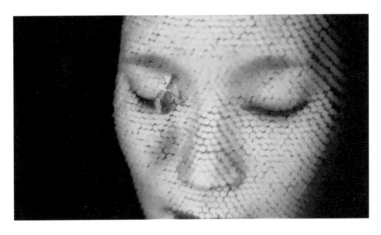

图 4.11　人脸 3D 模型

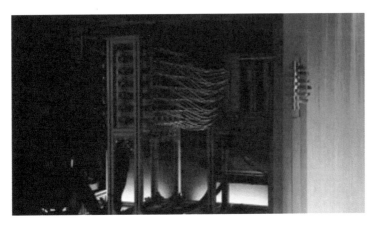

图 4.12　墙后线性制动器（马达）

3. 发光动态 + 投影

案例 4:

在宝马集团 100 周年庆典上，艺术家安德里 · 维勒格为慕尼黑的奥林匹克会场创造了世界上最大的发光动态球体装置 (图 4.13)。

图 4.13　发光动态球体装置

知识链接:

安德里·维勒格是一个媒体动画艺术家, 表演总监, 创作者。

这个浮球矩阵以千百台伺服电机带动装饰物做上下运动, 通过电脑程序控制来实现不同的立体图形的变幻效果, 加之灯光、音响等媒体的配合给观众带来视觉和听觉冲击 (图 4.14)。钢丝悬挂着 714 颗发光金属球 (图 4.15), 通过电脑的程序计算, 随着音乐的变化而产生波动, 甚至能准确地排列出汽车的轮廓, 仿佛每一个小球都有生命。

图 4.14　立体图形变换

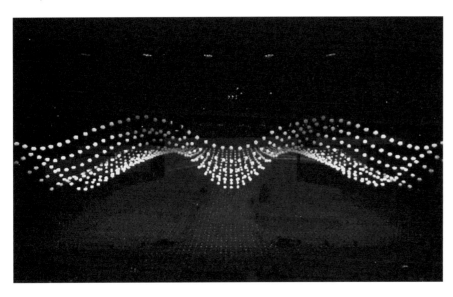

图 4.15　发光金属球

4. 物理动态 + 灯光 + 投影

案例 5：

【兰博基尼 3D 投影秀】

2018 年 2 月 15 日兰博基尼在莫斯科博物馆举办了全新 SUV 车型 Grus 发布会。在此次项目中，设计团队 Ails Vesta 首次尝试在矩阵动力装置上进行 3D 投影（图 4.16）。

该项目的动力装置主要由 56 个三角形的面板构成（图 4.17），每个面板四周由 LED 灯条包围（所有灯条的总长度近 280 米）。这些三角形面板由 168 条钢丝悬挂并控制，和周边几块背景屏幕一起作为投影画面的介质。在演示的过程中，带有 LED 灯条的每个三角形面板都可以在空间中上下移动、旋转，不停地组合、拼接成一些形状。

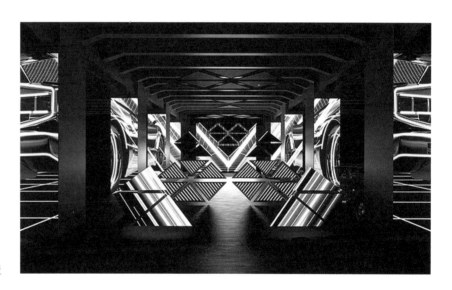

图 4.16　3D 投影装置

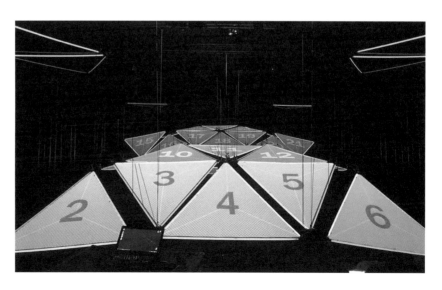

图 4.17　动力装置

综上，装置艺术与现代展示空间可以碰撞出设计之美。现代展示空间通过物品外观的展示，表达设计者的思想理念，使观者产生独特的感受，仿佛身临其境一般，观其形、明其意、共其鸣。装置艺术能产生其独有的视觉与听觉冲击，成为现代展示空间中不可或缺的元素。

装置艺术和展示设计均是环境空间的产物，装置艺术作品在特定的空间内产生一定的艺术意义。从"意"到"形"再到"鸣"（从主观意思的表达到形式的体现，然后让他人产生共鸣），这个传播过程体现了艺术作品的成功，进而达到艺术的升华。

装置艺术与现代展示空间设计的碰撞对环境有特定要求，需要把艺术作品放置在特定情景中才能让人触景生情，才有意义、有内涵。装置艺术是展示空间的体现形式，展示空间为装置艺术提供特定的环境。

4.1.2 空间演绎

空间演绎，顾名思义是指利用空间结构与声光电等多媒体形式的结合，打造出相对独立的影像空间（图 4.18～图 4.20）。空间演绎的内容是浓缩式的，让观众在有限的空间中接收到尽可能多的信息。

【空间演绎 1】

展览空间是一个基于情境体验和空间叙事的文化交流综合体。展览空间的设计必须兼顾展示和演绎两种功能。在展览空间的设计中，需要从空间策略、场景搭建、表演行为等各个方面考虑来完成一个系统设计。传统的审美体验结合沉浸式的表演，能更好地满足观众的需求。"沉浸"中的"沉"强调空间中的场景、道具、人物和关系带给观众的心理感受，强调空间的局部性、固定性和时效性；"浸"强调的是展示内容和空间环境带给观众更深层次的空间体验，强调空间带给观众的随机性。

沉浸式空间演绎具有较强的视觉和空间感染力，观众较多的视野范围会被展示内容覆盖，是一种强制性的内容传递方式，所以在内容传达上，如果想在短时间内把信息传达给观众或让观众充分了解一个事物，沉浸式演绎形式是最优选择。例如在世界博览会上，展示内容与沉浸式演绎相结合的形式成为各个主题馆和国家馆最常用的方式。

【空间演绎 2】

自 21 世纪初开始，展示与演绎体验发展迅速，诞生了新的展演形式，沉浸式展演空间便是其中之一。

图 4.18　布拉格国家博物馆新旧建筑之间的走廊

图 4.19　南京时代塔"光建筑"

图 4.20　Econocom 米兰办公室

4.1.3　新兴展演空间

新兴展示与演绎技术的创新应用在文化领域迅速发展。集成研发现代先进的展示和演绎技术，可以促进文化内容展示与演绎方式的创新。展演空间观演方式在新技术的支持下不断发生变化，推动了未来展演空间演绎发展（图 4.21）。

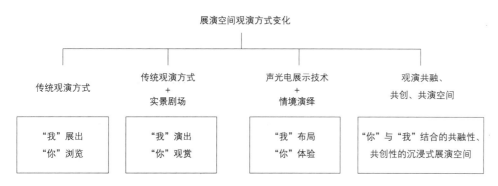

图 4.21　展演空间观演方式变化

沉浸式体验来源于美国心理学家米哈里·契克森米哈赖在 1975 年提出的心流理论。沉浸式体验放大了展演空间设计中体验者的体验和感受，不仅重视人的体验和感受，而且让体验和感受更加丰富、深入、多维度，逐步从互联网、虚拟游戏领域扩展到艺术领域及展演空间领域，形成了具有较强代入感的空间设计（图 4.22）。

沉浸式体验中观演关系的逐步转变受到了沉浸理论、沉浸式戏剧及当下时代背景等多方面的影响，并且伴随着观演关系的转变，展演空间组织模式也发生了突破式的改变。

图 4.22　沉浸式体验场景

随着新时代体验者体验需求的多样化，新媒体科技和虚拟现实技术将感知体验和认知体验相融合，在沉浸式体验的基础上进行展示与演绎的融合，拓展出了新的展演空间体验模式，即沉浸式展演空间体验模式。

沉浸式展演空间体验模式将观演关系重构，发展出多情境空间并置的空间组织模式，打破了传统的"观演分离"，实现了"观演融合"，使得体验者能够自由选择观演路线和角度。后来，这种模式不断发展，越来越多的人开始创作与尝试。

富有节奏变化的主题沉浸式体验的室内实景空间组织，通过多媒体装置系统的配合，较好地控制了体验者行进过程中的观看角度和体验的时间，也控制了情景展开的节奏，为观众提供极佳的体验角度，使其在行进过程中多维度地感受一系列情景空间的无缝切换并逐渐融入主题中，从而获得一种身临其境的沉浸体验。层出不穷的空间形态变化、对应的游走动线与节奏，以及空间组织、相互融合的观演关系，形成了沉浸式体验模式。

4.2　互动类

4.2.1　互动信息

互动信息类展项在内容传达上相对理性。体验者通过肢体动作在互动投影技术的配合下进行主动式互动体验。无论是从视觉上，还是体感上，抑或是情感上，互动信息类展项都能带给体验者一种前所未有的互动体验。在空间有限但内容较多时，展方通常会选择互动信息类展项作为展示内容的承载。其界面和动态设计能够吸引人流，增强展示的多元性和趣味性。

在展示和信息传播的过程中，互动设计促进了信息与观众的沟通，它是一种以观众为核心的信息展示和传播手段。互动设计激发了观众参与信息传播的能动性，观众从被动参观转换为主动体验、欣赏、探索和思考。随着信息媒体技术的发展和人们互动意识的强化，互动设计将在展示和信息传播中的技术层面、传播层面、情感层面得以全面发展。

而在现阶段的展示设计中，针对场地空间受限和观众对导览讲解的要求较高等情况，展项设计团队进行了新的尝试，将多媒体交互技术、数字信息技术、人工智能技术等作为载体应用于展示设计之中，将展品展示内容以数字信息的传播形式展现，区别于传统展示空间对展品的静态展示。提供互动体验的展示空间不仅通过动态交互的方式展示展品，还能够结合先进的设备来实现展品更具艺术性的表达。探讨互动体验在展示空间设计中的创新应用时，应当首先对互动展示空间的基本设计思路进行分析，才能够更好地理解和协调其创新形式和与传统展示技术间的关系。

由于展览空间有限、游客较多、讲解人员数量有限等环境因素的影响，传统的展示空间在展品展示上缺乏突出性和特异性，不能很好地吸引游客，若将科技引入展示设计之中，可以提高游客在展示空间内的互动体验。

【互动打鼓装置】

互动展示空间在设计上应满足展品艺术形式的表达，利用数字编程的光影使展品的色彩呈现得更加丰富立体（图 4.23）。虚拟现实技术可以展现展品的特点和功能，并对展览现场体验者的互动信息进行数据采集，在后期通过数据分析对展品存在的一些问题进行集中处理，避免出现新的问题。互动展示空间的设计思路一方面是在展品的呈现方式上进行设计，将展品特点及功能更为全面地展示，另一方面则是引入新的互动体验技术设备来解决传统展示空间在展示过程中的问题，并进行创新运用，为展示空间开发创造出新的内容。

【博物馆互动类
多媒体展示】

图 4.23　云冈石窟博物馆

人工智能在展示空间设计中的创新之处在于能够与其他互动体验设备进行连接，实现展示空间内的互动体验控制操作（图 4.24～图 4.26）。逐渐成熟的人工智能在未来的展示设计中的应用将为观众带来更多新鲜的元素，让观众在展示空间的互动体验感得到进一步的加深。

图 4.24　数字安全教育科普馆

图 4.25　清晰明确的界面更容易辨识

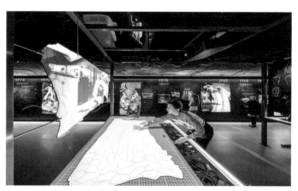

图 4.26　ECCO 公司的展览中的互动展项界面设计

【呼吸照明装置】

【互动类科幻美学装置】

4.2.2　互动游戏

党的二十大报告中指出：坚持创造性转化、创新性发展。现今社会的设计不再是以前追求单一功能或单一美感的设计，而是向多样化发展，成为了一种"产品"。为了让用户更容易接受这种"产品"，设计师要进行各种优化。

针对用户体验的设计行为在 20 世纪 90 年代初已经被定义为"交互设计"。虽然这个概念更多地在工业产品领域中被提及，但从小型工业产品重点解决用户的需求并创造和支持用户的一些行为开始，展示空间设计也开始有了"交互设计"的概念导向。其中运用较多的是互动游戏类体验（图 4.27～图 4.30）。观众通过游戏加深对所传达内容的理解和印象，并让自己轻松。互动游戏在展示空间中可起到气氛调节的作用。

互动游戏是界面系统交互设计中经常使用的手法，可以创造体验背景环境，让用户在体验过程中有身份感，但不涉及用户隐私，可以在短时间内吸引用户进入陌生流程的交互界面中。

卡内基梅隆大学娱乐科技中心教授、Schell 游戏公司 CEO 杰西·谢尔在《游戏设计的艺术》（*The Art of Game Design*）一书中列出了游戏的四个基本要素：机制、故事、美学、技术。其中，重点在于引导玩家完成互动目标，以及在完成的过程中会发生一些故事。不同风格的场景、不同的感官设置引导玩家进入游戏的故事情节，让玩家以不同的感官理解去探索游戏机制。游戏界面中设有角色控制程序，让玩家更顺畅地进入游戏、操作角色。

游戏式交互展示设计强调通过设置行为机制、故事线索、游戏场景、用户行为来形成系统的展示体验。好的交互设计可以通过有趣、有深度、有新意的游戏来吸引观众，让观众对游戏中嵌入的信息产生积极的认知和理解。

总而言之，展示形式交互游戏化能让展示内容更为丰富，提高观众在展览中的参与度，能更有效地强化展览的信息传达功能。观众不会走马观花地看展览，而是与展览产生互动，沉浸在环境和内容中。

【互动游戏类】

当然，多媒体展示技术运用的形式多种多样，并不局限于演绎类或互动类。只要把展示空间的内容与形式结合恰当，一切形式都是可以的。

图 4.27　生动简单的游戏设置

图 4.28　360°展示动物化石

图 4.29　轻松有趣的互动游戏，让人体会色彩的奇妙

【VR 游戏体验】

图 4.30　神秘的魔幻丛林，让孩子与夜行动物亲密接触

课后训练与习题

一、课后训练

（1）通过观看与多媒体展示技术相关的影视资料，了解不同类型的多媒体展示技术运用形式。

（2）找一两种自己感兴趣的多媒体展示技术应用案例，并在课堂与同学们分享。

（3）根据感兴趣的多媒体展示技术运用形式，分析其适合运用在哪些领域，整理内容并提交文字作业。

二、课后习题

1. 填空题

（1）按照功能性，可将多媒体展示技术运用形式分为两大类，一是_____，二是_____。其中_____类包括_____和_____，_____类包括_____和互动游戏类。

（2）现代展示空间的设计内容极其广泛，主要有_____等。

（3）沉浸式体验来源于美国心理学家米哈里·契克森米哈赖在 1975 年提出的_____。

2. 思考题

（1）总结传统观展方式与现代观展方式的区别。

（2）沉浸式体验有哪些特点?

（3）多媒体展示技术如何与展示内容更好地结合?

第5章
室内外多媒体展示技术
应用案例

多媒体展示技术已经在室内外多种展示空间中广泛使用，利用虚拟现实技术让观众的体验更加丰富，这些体验给观众带来最真实的视觉感受。党的二十大报告中指出：坚持以人民为中心的创作导向。为了加强与观众的互动体验，室内外展示空间运用多种类型的多媒体信息设备，通过新科技、新技术，为观众创造良好的体验环境。强大的交互性改变了观众的被动地位，让观众根据自己喜好来操纵视觉转化，获得多样化的视觉体验。

学习目的
（1）了解多媒体展示技术在室内展厅中的应用案例。
（2）了解多媒体展示技术在室外景观中的应用案例。

知识框架

5.1　室内多媒体展示技术应用案例

5.1.1　上海迪士尼全球能源互联网展厅设计

上海迪士尼全球能源互联网展厅共有七个区位，每个区位都有多媒体设备的应用。

例如，第三区位主题为"全球能源互联网战略意义"，通过大、小显示屏组合视频播放的手法进行展示；第四区位主题为"全球能源互联网建设成效"，通过静态时间轴历程图与三维投影结合展示，展示手法是在 iPad 上选取历程图上的时间点，用投影机展示；第五区位主题为"浦东能源互联网的建设情况"（图 5.1），展示形式为三折投影幕布结合虚拟沙盘，展示手法是通过虚拟沙盘来展示浦东、上海迪士尼全球能源互联网集成实景，用三折屏来展示实时数据与成效；第七区位主题为"畅想美好生活"（图 5.2），运用 110° 弧幕播放视频的方式，传达畅想智慧美好生活，通过展现普通人未来一天的生活场景，让观众切身感受全球能源互联网给人类带来的变化。

上海迪士尼全球能源互联网展厅以"全球能源互联网，创造智慧美好生活"为主题进行设计，注重观众的互动式体验，使其能够充分认识到全球能源互联网对自身生活方式的重大变革。互动式体验在现代展厅的设计中具有举足轻重的作用，同类型展厅也可以以此为基础开展设计工作。

图 5.1　"浦东能源互联网的建设情况"展区

图 5.2　"畅想美好生活"展区

5.1.2　上海自然博物馆多媒体展示设计

上海自然博物馆沉浸式剧场的主题有"宇宙大爆炸""寒武纪生命大爆发""逃出白垩纪""沧海桑田""地球的力量"。这些展项的共同特点是结合自身展示内容，巧妙地整合多种多媒体展示技术，为观众提供生动、丰富的视觉体验。

知识链接：

上海自然博物馆以"自然·人·和谐"为主题，通过"演化的乐章""生命的画卷""文明的史诗"三条主线呈现大自然的演化历程和多样性，设有十大常设展区以及探索中心、四维影院等教育功能区，包含展品展项若干，综合运用标本模型。媒体、景箱、场景、剧场、装置等多元化展示手段，体现了经典与前沿并重、科学与艺术融合、国际与本土兼顾的特点。

（1）情景再现大型场景。
情景再现是在展示空间中通过照片、影像、实物模型等，直观地再现特定历史时期事件或典型事物的特征，塑造特定的展示内容，再通过灯光、音响、多媒体等技术的配合，给观众带来身临其境的体验。例如，非洲大草原的场景再现，以草原、河流和半荒漠的森林区域的背景作为投影主屏幕，结合纱幕来表现非洲大草原旱季、雨季的清晨充满活力的壮观景象（图5.3），使观众感受到非洲大草原的绚丽多姿。

（2）标本背后的多媒体形式。
观众用手机扫描对应的二维码，就可以了解标本背后的故事。增强现实技术的真实性突出了展品中蕴藏的科学知识，极大地提升了观众的参观乐趣，把以静态为基础的访问方式，转变为多感官交互的动态的访问方式。上海自然博物馆将景箱的近景和远景巧妙地结合在一起，近景是实物标本居多，远景是画作居多，结合多媒体技术的使用，伴随着音效，营造了热带雨林等景象。

图 5.3　非洲大草原的场景再现

5.1.3　泸州记忆酒文化光影雕塑展厅设计

高流明超清投影机与感应雷达构成互动投影空间的整体，绽放的花朵、游动的鱼、缓缓倾泻的水流、扑腾的蝴蝶……一切存在于光影空间的投影元素，观众都可以通过触摸、踩踏等方式与其互动（图 5.4、图 5.5）。

多通道融合技术就像整个展厅的神经网络，将画面、声音、色彩、水雾等特效串联。4 个投影通道、512 个 RGB 灯带颜色通道、超声波水雾喷气、模拟 5.1 声道……展厅的各个环节同步互动、环环相扣，沉浸感十足。投影融合技术将多个投影机画面进行整合，在异形空间与平面上呈现出完整的画面效果。

图 5.6 的光影雕塑高 1.75m，加底座全高 2.2m，整个柱体最大直径 1m。由展厅顶部四角的 4 个高流明超清投影机投射影像，经过融合后，精致的仿酒瓶造型的雕塑上便可展示动态内容。小螺丝科技设计团队为其定制了两个投影动画——《中国酒城》《微醺在线》，将传统工艺的各个阶段以动态视效呈现，让观众在实物仿真酒瓶雕塑与动态光影动画的结合中近距离感受泸州酿酒文化。

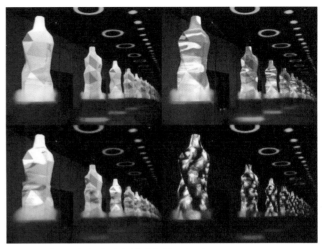

图 5.4 泸州记忆酒文化光影雕塑展厅（一）

图 5.5 泸州记忆酒文化光影雕塑展厅（二）

图 5.6 泸州记忆酒文化光影雕塑

5.2 室外多媒体展示技术应用案例

图 5.7　森林流浪者营地场景

5.2.1 光之山谷多媒体装置

光之山谷多媒体装置的设计灵感来自古老的神秘故事，运用投影融合与交互技术营造沉浸式光影场景。该项目是与惠斯勒集团合作开发的，以独特的夜间体验来吸引大众。该装置以视频投影、照明灯光、声音和特殊效果来突出海岸山脉的自然美景，营造叙事环境。

人们从森林流浪者营地（图 5.7）出发，在丛林中寻找线索，追踪两个很久以前的徒步旅行者的路径走进神秘的山谷。线索隐藏在海报和神秘的无线电信号中，星辰和火花包含秘密信息，而一首朗朗上口的篝火歌曲预示着将会出现令人难忘的超自然奇观（图 5.8）。这个故事邀请人们进入一个共享的奇迹世界。与多媒体结合的自然景观，让听起来非同寻常的故事似乎变为现实。

图 5.8　森林篝火场景

【光之山谷】

5.2.2　新加坡夜间野生动物园多媒体展示设计

新加坡夜间野生动物园于 1994 年开放，毗邻新加坡动物园和河川生态园，占地面积 35 公顷，是世界上第一个在夜间供游客游览的野生动物园，每年接待约 120 万名游客，曾多次荣获由新加坡旅游局颁发的"最佳旅游景点体验奖"。

新加坡夜间野生动物园在路上、树间置以灯光，用纸雕等艺术形式让灯光具有美感。此外，有的场景完全漆黑，还会有动物的叫声；有的场景若隐若现，以体现动物的神秘行踪（图 5.9、图 5.10）。灯光和自然光配合，在明暗之间，人的想象成为每个人体验的独特因素。

图 5.9　夜间的动物场景（一）

图 5.10　夜间的动物场景（二）

【新加坡夜间
野生动物园】

5.2.3　荷兰夜光自行车道多媒体展示设计

【荷兰夜光自行车道】

荷兰革新派设计师丹·罗斯加德在荷兰的埃因霍温设计了世界上第一条夜光自行车道。这条夜光自行车道长达1千米，修建在凡·高出生和成长的地方附近。车道路面由特殊的发光材料铺成，白天通过太阳进行充电，而到了晚上就化作一条星光之路（图5.11）。在这里，凡·高的幻想世界就在你的脚下。

5.2.4　夜光森林多媒体展示设计

夜光森林项目的设计师利用投影技术，让精灵在夜光森林中飞舞，并为树叶、蘑菇和枯枝披上华丽的衣裳（图5.12）。

该项目利用先进的投影技术，辅以计算机的科学计算，用灯光为动植物绘出美丽的轮廓和颜色；结合植物生长的规律，用呼吸灯效呈现植物经脉的细节和拟人化的景物（图5.13），突出其生命力和大自然的美。3D的灯光效果使森林看起来就像存在于外星球，或者某种梦幻仙境，任何生物似乎都能发光。

夜光森林并没有改变森林生物的原始状态，只是将3D的灯光效果融入森林，给人带来不同的视觉享受，不仅仅照亮了夜晚森林的黑暗，更为森林类景区的旅游注入了新的生机。

【夜光森林】

图 5.11　星光之路

图 5.12　夜光森林

图 5.13　呼吸灯效下的植物

课后训练与习题

一、课后训练

（1）通过观看与多媒体展示技术相关的影视资料，欣赏不同场所的多媒体展示技术案例。

（2）找一两个不同场所的多媒体展示技术应用案例，并在课堂与同学们分享。

（3）根据自己感兴趣的多媒体展示技术应用形式，找具体的案例分析其展示效果，整理内容并提交文字作业。

二、课后习题

1. 填空题

（1）按照空间划分，多媒体展示技术应用普遍出现在_____、_____。

（2）现代多媒体展示技术应用形式极其广泛，主要有_____等。

2. 思考题

（1）应该从哪些方面考虑多媒体展示技术在博物馆或科技馆等场所应用的可行性？

（2）在多媒体展厅设计中，哪些展示形式可以表现人与自然的和谐互动？

（3）多媒体展厅的特点有哪些？

第6章
对未来多媒体展示
技术的展望

项目设计师必须在展项设计初期考虑到多媒体展示技术在项目未来运营中的可持续性问题，这样才能确保其设计的作品在未来较长的运营期内完整地呈现给观众，并减少运营维护的压力。在未来，多媒体展示技术面临巨大的考验：一方面，用户的增长会带来巨大的市场需求；另一方面，由于科技的进步，数字多媒体行业更新换代的速度会非常快，对人才的需求将大量增加。在这种情况下，多媒体展示技术会面临巨大的挑战。

学习目的
（1）了解展项设备的易损性、更换率与可替换性。
（2）理解 LED 与投影在光的运用下的差别。
（3）展望多媒体展示技术的发展前景。

知识框架

6.1 多媒体展示技术的可持续性

6.1.1 展项设备的易损性、更换率与可替换性

有的多媒体展项经常处于维护维修中，观众参观时基本体验不到，就会
带着遗憾离开。如果观众体验不到，我们做这些还有何意义？

【多媒体展示
技术应用案例 1】

这其中有两大原因：一是业主方想降低展项的使用率以减少设备的损
耗；二是展项设备确实需要定期维护和更换，才能保证很好的效果。

特别是涉及投影机使用的展项，展馆一天至少 8 小时的运营时间对于投
影机灯泡的使用寿命来说确实是一个不小的负担。其实，普通的工程投
影机在使用半年后就会出现光色衰减的现象，以及设备因长时间工作产
生微振动而出现融合带偏离等问题，这些在设计之初就要考虑到。合理
地选择展项形式和展项运营模式，可以规避这些问题。

【多媒体展示
技术应用案例 2】

随着信息技术的发展、人们视野的开阔，项目业主方在关注展项的可持
续性的同时越来越关注展项的可替换性。

6.1.2 光环境、LED 与投影

1. 光环境

光的运用是否合理是一个展项成败的重要因素。光环境是多媒体展项最
基本的条件，特别是对于演绎类展项，或者运用投影机设备的展项，光
环境会直接影响展项最终呈现的效果。一般来讲，只要运用了投影技
术，光越暗现场效果就越好，所以设计师在设计这类展项时一定要注意
对光的控制。自然光线是这类展项最大的敌人，在设计时一定要杜绝自
然光线的介入，特别是在建筑的门厅、天井、不可封闭的窗口等处。对
于其他密闭空间也要注意自然光与功能性照明的冲突，既要保证观众的
安全，又要保证展项的视觉效果。

【多媒体展示
技术应用案例 3】

【多媒体展示
技术应用案例 4】

2．LED

LED 在室内的运用必须先考虑观众观看的舒适性。因为 LED 的特性，近距离观看会使人产生刺眼、眩晕等不适感，并且画面颗粒感较强、精度受到影响，所以 LED 通常都用在户外及室内的大空间，这样观众有足够的视距去观看 LED（图 6.1）。

3．投影

如图 6.2 所示，尽量不要把观众活动区设置在投影夹角范围内。投影夹角大小和投影机高度有直接关系，因此投影的使用对建筑层高有一定要求。

背投方式可以避免投影遮挡的问题，让观众更贴近画面，但要有足够的背投空间（图 6.3）。

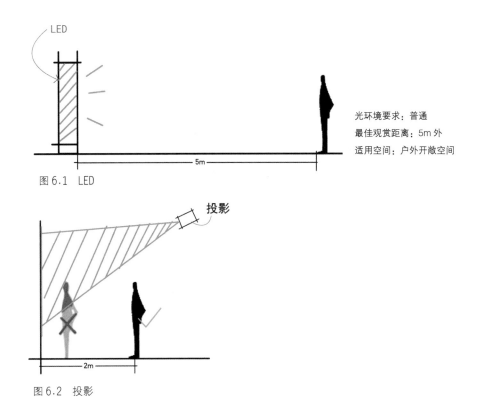

光环境要求：普通
最佳观赏距离：5m 外
适用空间：户外开敞空间

图 6.1 LED

图 6.2 投影

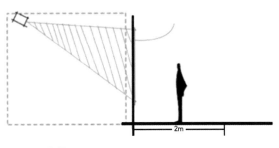

光环境要求：暗环境，避免自然光线，少量功能性照明
最佳观赏距离：1～2m
适用空间：室内、夜间光照少的室外

图 6.3 背投

投影对于环境光的要求极为苛刻，环境越暗，投影所呈现的画面质量就越好。但它又适合近距离观看，因此画面亮度要适宜。通常，室内影院的沉浸式空间都选择投影这种形式。同时，由于摄影设备所占空间小，画面投放介质很广，很多异形空间，比如异形建筑墙面、特装结构、户外山体等，都利用其优点进行影像演绎（图6.4）。

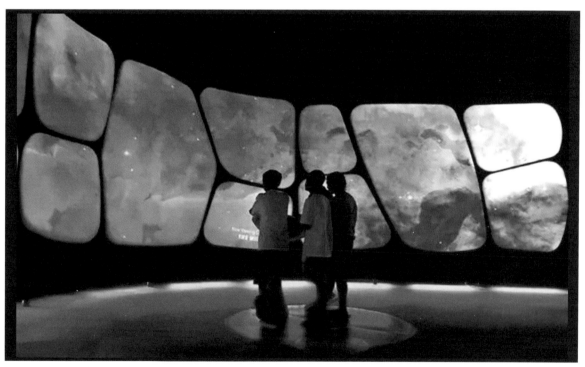

图6.4　异形空间投影

6.2　多媒体展示技术的发展前景

6.2.1　突破时间地点的限制

传统会展有明确的展出时间和展出地点限制，观众只能在规定的时间到规定的地点参观，一旦错过时间，就可能错失参观机会。多媒体展示技术通过数字电视、电脑和手机等交互设备，可以随时随地向观众展示内容，观众不受展示时间和地点的限制。多媒体展示技术中的虚拟技术是重要的会展技术，参展方可以利用虚拟技术，对展品进行艺术化重现；可以调节灯光，营造出逼真的视觉环境；并且可以加入文字、声音、视频、动画等，打造出逼真的视觉效果。观众可以通过触摸屏即时参观展览，也可以在手机或电脑等设备上参观展览。

在疫情时期，人们很少出门参与文体活动，导致大量文艺活动、文化产品被"赶上云端"。在线图书馆、在线博物馆、在线剧院纷纷涌现，云展览、云直播、云综艺层出不穷，云技术、云产品、云服务应接不暇（图 6.5、图 6.6）。从当前形势来看，新技术、新应用变革将推动重塑网络文化、网络文艺行业与产业，云展览、云演出、云直播、云录制等可能成为常态，这些新业态在给观众带来全新审美体验的同时，也给传统展览、演出等行业带来新的机遇与挑战。

随着 5G+VR 技术的成熟和运用，数字科技赋能文化资源创意开发，场景式云展览、云体验必将成为展览展示行业新的突破口，带来新的经济增长点。博物馆、美术馆等公共文化机构将结合线下实物展览、线上实景直播、专业主播讲解等多种形式创造观展体验，在为大众提供优质服务的同时，实现跨品牌合作、跨区域运营、电商化营销等创新模式（图 6.7）。

图 6.5　国家典籍博物馆虚拟展厅

图 6.6　故宫博物院网站全景虚拟游览界面

图 6.7　中国国家博物馆在抖音平台举办的"在家云游博物馆"活动界面

6.2.2　突破场地空间的限制

传统会展场地空间都非常有限，通常只划定一小块展示空间，而空间大小直接关系到展示内容，会影响展示效果。传统会展利用展台、展板、灯箱、门头等空间，展示印刷品、实物等，在很大程度上受到空间限制，不少参展方为了达到良好的展示效果，租用大面积的展厅，大大增加了展示成本。多媒体展示技术的应用可以减少对场地空间的依赖，通过虚拟现实、互动游戏等，对展示信息进行整理分析，最终通过多种交互技术，以简洁生动的形式展现给观众，可以加深观众的印象，达到信息交流的目的。由于多媒体展示技术不受场地空间的限制，特别是通过数字媒体技术创造的虚拟空间，将过去无法展示的大量实体以虚拟的形式呈现给观众，大大突破了有限的展示空间，提高了空间利用率，可以展示更多的信息，从而减少场地租赁成本。

6.2.3　突破展示内容的限制

传统会展通过实物、图片和音频向观众展示内容，但由于展示方式的限制，一些内容无法展示。多媒体展示技术的应用能够突破展示内容的限制，如 3D 虚拟成像技术可以替代实物展示，不仅拓展了展示内容，而且节省了空间、材料、运输成本和储存成本。多媒体展示技术可以让展示技术不再以实物展示为主，而是以虚拟展示为主，观众能够获得多样化的展示内容，并且以点击鼠标、触摸屏幕等形式自由地了解展品，增强了互动性与体验感，从而产生深层次的理解和思考。多媒体展示技术丰富了展示内容，可以让观众在有限的时间内了解到更多的展示内容。

6.2.4　增强观众体验

多媒体展示技术颠覆了传统会展的展示方式，利用科技与观众实现互动，让观众全身心参与展示，可以引起观众的共鸣，激发观众的积极性，加深观众的印象。多媒体展示技术可以简洁、生动地呈现新事物、新思想、新知识，让观众更容易接受，达到知识传播、推广与交流的目的。

课后训练与习题

一、课后训练

（1）通过学习与多媒体展示技术相关的实践案例，了解不同类型多媒体展项设备的应用。

（2）找一两个自己感兴趣的多媒体展示技术的应用案例，分析其中光的运用，整理内容并提交文字作业。

（3）根据自己感兴趣的多媒体展示技术应用案例，在课堂上与同学们分享对多媒体展示技术发展前景的看法。

二、课后习题

1. 填空题

（1）自然光线是投影类展项最大的敌人，在设置时一定要杜绝自然光线的介入，特别是在建筑的_____、_____、_____等处。

（2）多媒体展示技术通过_____、_____、_____等交互设备，随时随地向观众展示内容，观众不会受到展示时间和地点的限制。

（3）多媒体展示技术的应用可以减少对场地空间的依赖，通过_____、_____等，对展示信息进行_____、_____，最终通过多种交互技术，以简洁生动的形式展现给观众，加深观众的印象，达到信息交流的目的。

2. 思考题

（1）总结以多媒体展示技术为主的展示形式的特点。

（2）如何在多媒体展项中合理地运用光？

（3）思考多媒体展示技术的发展前景。